Plus de chemins de fer

ou

ESSAI

sur la locomotion rapide

aérienne, terrestre, marine et sous-marine

par

JULES DECKHERR

MONTBÉLIARD (Doubs.)

1848.

Autog: chez H. Barbier à Montbéliard.

Plus de chemins de fer

ou

ESSAI

sur la locomotion rapide

aérienne, terrestre, marine et sous-marine

par

JULES DECKHERR

MONTBÉLIARD (Doubs.)

1848.

Autog. chez H. Barbier à Montbéliard

Locomotion rapide.

Nous nous sommes imposé la rude tâche de résoudre le vaste problème de la locomotion rapide et nous avons déjà publié sur une espèce de navigation aérienne, d'une rapidité fantastique, un mémoire autographié dont on a jusqu'ici dédaigné l'examen. Malgré l'accueil décourageant que la France réserve presque toujours aux idées nouvelles des indigènes, nous allons aborder dans cet opuscule divers modes de locomotion aérienne, terrestre, marine et sous-marine.

Chapitre premier.

Locomotion aérienne

Par un air calme, un enfant court, tenant à la main la ficelle à laquelle un cerf-volant est attaché : tel est le fait bien simple qui sert de base à l'espèce de navigation aérienne que nous allons examiner.

Soit construit entre deux lieux un cylindre, AAA'A' en tôle de fer, fendu dans sa partie supérieure. Un piston double PPP'P' d'un diamètre un peu plus grand que ce cylindre produirait donc une fente longitudinale affectant la forme d'un rectangle AA' adjacent à deux triangles ABC', A'BC. fig: I, V, VI, XII fig VII fig VI Plan: II

Si nous supposons fermée la partie rectangulaire et triangulaire AA'BC par une barre d'acier solidement fixée au piston, on pourra dès lors déprimer l'air dans la partie αα'β'β'' du cylindre ; le piston prendra un mouvement progressif ; l'air atmosphérique se précipitera par l'ouverture triangulaire ABC' pour combler le vide que tend à former le piston dans sa course, et le véhicule aérien ABR'FP sera remorqué par l'intermédiaire de la chaîne ss accrochée au piston moteur. fig: II Pl: I

Pour fixer les idées, admettons 1° que le piston remorqueur ait un diamètre de $0^m,51$; une section transversale de $0^{m2},2$; une circonférence de $1^m,60$, une surface frottante de $1,6 \times 0^m,1 = 0^{m2},16$. 2° que l'air en aval du piston soit et demeure déprimé à $1/10$ d'atmosphère par les pompes aspirantes des locomotrices, distribuées sur toute la ligne de cinq kilomètres en cinq kilomètres : 3° que le mobile aérien ait une section transversale de $1^{m.q},50$ et qu'il doive se mouvoir avec une vitesse moyenne de 40 mètres par seconde ou 144 kilomètres par heure. Quel doit être le poids de ce mobile ?

Les principales résistances sont :

1° Le frottement dans le cylindre du piston et de sa barre formant soupape.

La résistance pour la surface cylindrique du piston est donnée par la formule $2\pi R e f(p-p')$ dans laquelle $2\pi R = 1^m,6$; $2\pi R e = 1^m,6 \times 0^m,1 = 0^{m.q},16$; $2\pi R e f = 0,16 \times 0,1 = 0,016$; p et p' sont les pressions unitaires exercées sur les deux bases du piston ; $p = 10330^k$, $p' = 1033^k$ d'où $p - p' = 9297^k$; donc $2\pi R e f(p-p') = 148^k,75$ correspondant à une perte de travail marquée par $2\pi R e f(p-p') l = 148^k,75 \times 5000^m = 743760$ kilogrammètres pour une distance de 5000^m.

Si la barre a $1^m,5$ de longueur sur $0^m,05$ de hauteur, sa surface frottante sera $3^m \times 0,05 = 0^{m.q},15$. Donc, pour 5 kilomètres de parcours, cette barre consommera une quantité de travail marquée par $sf(p-p')l = 0^{m.q},15 \cdot 0,1 \cdot 9297^k \cdot 5000^m = 139^k,455 \times 5000^m = 697275$ kilogrammètres.

D'ailleurs le piston peut peser 500 kilogrammes et comme la pression atmosphérique s'exerce sur la barre qui a $\frac{0^m,1 \cdot 1^m,5}{2} = 0^{m.q},075$ de surface, on trouve que ces deux causes réunies font perdre à la puissance 600000 kilogrammètres tous les cinq kilomètres.

Total approximatif du travail consommé par le piston pour 5 kilomètres = 2 041 035 kilog. mèt. ; d'où l'on voit qu'il faut diminuer autant que possible l'étendue des surfaces frottantes et le poids du piston. Nous ferons observer que, dans cette locomotion aérienne, le mobile, immense cerf-volant, tend à soulever le piston et sa barre formant soupape et, par conséquent à en diminuer le poids.

2° La perte de travail mécanique produite par la résistance de l'air contre un mobile ayant au plus $1^{m.q},5$ de section transversale est donnée par la formule $RV = 0,06253\, KAV^3$ dans laquelle $A = 1^{m.q},5$; $K = 0,4$ au plus ; $V = 40$; d'où $RV = 0,06253 \cdot 0,4 \cdot 1,5 \cdot \overline{40}^3 = 2401^{k.m}$ et pour un trajet de 5 kilomètres dans $\frac{5000}{40} = 125$ secondes, c'est une perte de $2401 \times 125'' = 300125$ kil. mèt.

3° Pour déterminer la perte de travail occasionnée par la rentrée de l'air dans le tuyau en amont du piston, nous proposons la formule $0,00324 \frac{q}{g} \cdot \frac{\ldots V^2}{2} \cdot t$ dans laquelle $q = 0^{m.q},2 \cdot 40 \cdot 1,3 = 10^k,4$ représente le poids de 8 mètres cubes d'air à 0° qui doivent rentrer chaque seconde dans le tuyau. Si l'orifice ABC est un triangle dont la base est 0,1, la hauteur 1^m et la surface $0^{m.q},05$, la dépense $D = \alpha AV = 0,8 \cdot 0,05\, V = 10^k,4$; d'où V ou la vitesse de l'air rentrant dans le tuyau = 260 mètres au plus. bb peut avoir une longueur de 10 centimètres, fig 8 Pl. 1 donc $L = 0^{m},1$; C ou le périmètre de l'ouverture triangulaire $AB'C' = 2^{m},1$. En remplaçant dans la formule ci-dessus les lettres par leur valeur, on trouve que pour 5 kilomètres parcourus, la perte de travail mécanique due à la rentrée de l'air dans le tuyau en amont du piston est au plus de 122027 kilogrammètres et cette perte serait bien moindre si une barre d'acier remorquée par le piston maintenait ouvert le tuyau sur une plus grande longueur. La somme des pertes de travail ci-dessus mentionnées se monte donc à 2 463 183 kilogrammètres environ. — D'ailleurs, pour soustraire un corps de poids P à l'action de la pesanteur, il faut inévitablement dépenser dans chaque seconde $P \times \frac{g}{2}$ K.m ; donc un mobile de 10000 kilogrammes se soutenant dans l'air pendant 125 secondes consommerait $10000^{k} \times 4^{m},9044 \times 125'' = 6\,130\,500$ kilogrammètres qui, ajoutés à 2463187 K.m, font un total pour la dépense de 8 593 687 kilogrammètres.

Or, la puissance serait $(10330^{k} - 1033^{k})\, 0^{m.q},2 \cdot 5000^{m} = 1859^{k},4 \times 5000^{m} = 9297000$ K.m, si la chaîne de hâlage ss ne faisait pas avec la direction du mobile aérien un angle de fig 11 Pl. 1 20°, par exemple. La traction effective du piston au lieu de $1859^{k},4$ se réduirait à $1859^{k},4 \times \cos 20°$ soit 1750 kilogrammes et la quantité de travail mécanique au lieu de 9297000 K.m. se réduirait à 8750000 K.m. Nous avons donc sur le travail des résistances un excédant de 156313 kilog. mèt. que nous imputons à la manœuvre des soupapes et aux fuites inévitables.

Pour emmagasiner 9297000 K.m, il nous faudrait à chaque station de 5 kilomètres en 5 kilomètres des machines à vapeur représentant une force de $\frac{9297000^{K.m}}{75^{K.m} \times 900''} = 138$ chevaux vapeur qui travailleraient pendant 900'' ou un quart d'heure ; mais pour maintenir toujours déprimé à $\frac{1}{10}$ d'atmosphère l'air du tuyau qui fuit devant le piston avec une vitesse de 40 mètres par seconde, il nous faudrait une force de 147 ch. vapeur. Considérons en effet la formule $0,00324 \frac{q}{g} \frac{L.c.V^2}{a}$. Le poids du mètre cube d'air à 0° et à 7,6 centimètres de pression est de $0,0171 \times 7,6 = 0^{k},13$. Les 1000 mètres cubes d'air dans une section de tuyau longue de 5000^{m} pèseront 130^{k} ; donc $q = \frac{130}{2} = 65$ K. puisque la colonne d'air en mouvement va sans cesse en diminuant de longueur dans l'intervalle d'une locomotrice à l'autre. L'intensité de la pesanteur est représentée par 9,8088 ; L est la longueur du tuyau que l'on considère $= 5000^{m}$; $c = 1^{m},6$ en est la circonférence et $a = 0^{m.q},2$ en est la section ; V est la vitesse uniforme de la colonne d'air moyenne = 40 mètres. Donc, en remplaçant les lettres par leur valeur, on a $0{,}00324\,\frac{65}{9{,}8088}\cdot\frac{5000\cdot 1{,}6\cdot 40^2}{0{,}2} = 1375347$ kilogrammètres et pour une seconde 11003 K.m. répondant à un travail continu de 147 chevaux vapeur ce qui démontre l'indispensable nécessité de construire des tubes propulseurs bien étanches. Si les locomotrices étaient capables de faire dans le tube un vide parfait, elles n'auraient aucun travail à effectuer pendant le trajet du mobile. Nous croyons donc avoir le droit d'affirmer qu'avec des locomotrices de moins de 200 chevaux vapeur et distribuées de 5 kilomètres en 5 kilomètres, notre tube propulseur serait capable de transporter, tous les vingt minutes environ un mobile aérien pesant 8 à 10000 kilogrammes, renfermant 30 à 40 voyageurs et animé d'une vitesse moyenne de 40 mètres par seconde.

Si ce mobile ne possédait qu'une vitesse de 20 mètres par seconde, il emploierait $\frac{5000}{20} = 250$ secondes pour traverser 5 kilomètres, et devrait consommer, pour se soutenir contre l'action de la pesanteur $49044^{km} \times 250'' = 12261000$ kilogrammètres, tandis que la puissance de notre tube propulseur n'est, pour 5 kilomètres, que de 9297000 kilogrammètres.

Ainsi, nous arrivons à ce résultat singulier que, dans notre système de locomotion aérienne, où le véhicule résiste incessamment à l'action de la pesanteur, la plus grande vitesse de l'ouragan des Antilles — 40 mètres par seconde — est plus avantageuse que la médiocre vitesse des locomotives — 20 mètres par seconde. Notre locomotion aérienne ne se recommande cependant guère par son économie de force motrice. Supposons, en effet, une voie en fer ou en bois sur laquelle glisserait notre mobile de 10000 kilogrammes. D'après la relation fP, en faisant même $f = 0{,}1$, la résistance à la traction serait de $10000 \times 0{,}1 = 1000$ kilogrammes et la quantité de travail mécanique consommée par le glissement sur une longueur de 5000 mètres serait de 5000000 kilogrammètres, tandis que, pour détruire l'action de la pesanteur sur ce même mobile, le long du même chemin, il nous faut inévitablement 6130500 kilogrammètres de consommation puisque la loi de la pesanteur est immuable. D'ailleurs, avec le système d'une voie soutenant toujours le véhicule, le rapport du frottement à la pression peut être diminué de beaucoup par le poli, le graissage de la voie et surtout par l'emploi de grandes roues qui transforment la relation fP en $fP\frac{r}{R}$ .. R étant le rayon de la roue et r celui de son tourillon.

Ainsi, de même que nous considérons les oiseaux, les insectes, doués pour la plupart d'une énorme force musculaire, comme les animaux de luxe de la création, de même nous croyons que tous les systèmes de locomotion aérienne seront les voies de communication qui, dans les âges futurs, attesteront surtout une prospérité tellement splendide que nos misérables sociétés présentes n'osent pas l'espérer. Ces voies seront, pour les vitesses extrêmes, les moins dangereuses et les plus agréables.

Mais donnons quelques détails sur notre mode de locomotion aérienne par traction. Tous les quatre, cinq, ou six kilomètres, se trouvent les machines stationnaires, ou locomotrices, qui doivent épuiser l'air des sections du tube propulseur. A chaque solution de continuité de ce tube est une soupape ss s's' qui doit s'abaisser à l'approche du piston remorqueur. Quand ce piston a dépassé la tête du tuyau BBB, il a, par son frottement, ouvert une soupape à tiroir ββ adaptée à une tige coudée gg dont le piston K glisse dans un corps de pompe communiquant d'un côté avec l'atmosphère. L'air atmosphérique se précipite alors dans le gros tuyau BBB, soulève la soupape j, presse la soupape j' et le gros piston PP qui, par le moyen de sa tige tt, abaisse la soupape ss s's'.

Cette tige soulève dans sa course descendante, les poids DD', par l'intermédiaire des cordes VVVV', qui reposent sur les poulies fixes RR'. Le piston remorqueur a passé de la section de tube AA dans la section A'A'. L'air atmosphérique traverse, lentement, il est vrai, les trous microscopiques oo du piston PP, et du moment que l'équilibre de l'air existe dans les deux parties X et X' du corps de pompe, les poids D et D', dans leur descente, remettent la soupape ss s's' à sa place. Il y passe bien de l'air dans le tuyau A'A' par l'ouverture ss s's' quand la soupape descend ; mais la perte est petite, si l'on considère la vitesse du piston. Cette perte sera évitée peut-être avec un système de soupape indiqué dans les figures IX et X. La partie gAEDg' de la caisse ABCD doit être en cuir flexible puisque le tube s'écarte au passage du piston. — Quand le piston remorqueur a franchi la soupape et que celle-ci a remonté par la descente des poids DD', les locomotrices, par le tuyau F'F', font de nouveau le vide dans la partie AA du tube propulseur et quand l'air est suffisamment déprimé, le piston KK, soumis à la pression atmosphérique, referme, par le moyen de sa tige recourbée gg, la soupape à tiroir ββ, mais le vide continue à s'opérer dans le tuyau BB et dans le corps de pompe XX' par le tube capillaire cc qui communique avec le gros tuyau aspirateur F'F. Les tuyaux BB et F'F seront peut-être raccordés avec du cuir au tube propulseur AA, pour que celui-ci puisse s'écarter facilement dans le passage du piston remorqueur. La surface plane du renflement, ss s's' sur laquelle glisse la soupape, sera aussi probablement faite

[illegible] sur [illegible] flexibles soutenus par des lames de fer disposées en rayons.
Le corps de pompe XX' doit être suffisamment gros et long pour que la soupape soit tirée vivement,
malgré les résistances et pertes de travail provenant : des frottements du piston etc., de l'inertie de ce piston,
de sa tige, de la soupape sssś, des cordes VV' et des poids DD' ; du passage de l'air atmosphérique au
travers des trous oo du piston ; et surtout de la compression de l'air raréfié qui s'opère dans la par-
-tie X' du corps de pompe par la descente du piston. Si toutes les dimensions de l'appareil de la
soupape ne sont pas bien calculées, un fort ressort R est destiné à arrêter le piston.
Si la soupape ne s'abaissait pas assez vite, par un accident quelconque, le piston remorqueur
compromettrait gravement l'appareil de la soupape et le tube propulseur ; mais, comme nous
le verrons plus tard, notre gigantesque oiseau de fer, continuant sa course, échapperait à une
catastrophe dans le plus grand nombre des cas. — Quand le piston et le mobile vont
de A' en A, le tiroir qui se trouve à la tête du tuyau B'B' est ouvert par le piston ; l'air se
précipite dans ce tuyau ; la soupape j' s'ouvre ; la soupape j reste fermée ; le piston PP tire vive-
-ment la soupape sssś et quand l'équilibre de l'air existe dans le corps de pompe XX', ce qui ne
doit avoir lieu que quand le piston remorqueur a dépassé l'ouverture sssś, la soupape remonte
et les locomotrices peuvent dès lors par le tuyau F'F' faire le vide dans la partie A'A' du tube.
Les soupapes j j' pourront être supprimées, si la soupape sssś s'abaisse assez rapidement.
Les trous microscopiques oo dans le piston PP ne seront pas nécessaires, si on laisse un certain jeu
entre le piston et son corps de pompe. — Dans les stations où le tube propulseur AAA'A' n'est pas
continu, la figure VIII indique suffisamment le jeu des soupapes ss, s's' qui sont alors séparées. Avec un
peu d'attention on remarquera les petits tuyaux cc et c'c' communiquant entre eux ainsi qu'avec
le tuyau aspirateur TT de la locomotrice et servant à raréfier l'air dans l'appareil des soupapes ss
quand sont fermées toutes les soupapes à glissoir qui se trouvent aux têtes des tuyaux BB'B''B'''.
Le piston remorqueur doit suivreidéalement un appareil directeur qui de la section de tube A'A' le con-
-duise infailliblement et sans chocs dans l'autre section A''A''. Si l'intervalle A'A'' des deux sections de tube
est suffisamment grand, il est fort probable que le mobile, possédant une force vive bien supérieure
à celle du piston, devancera ce piston et le remorquera jusqu'à ce que ce piston, soumis de nouveau à
la pression atmosphérique dans la section de tube suivante, reprenne son rôle de remorqueur.
Les figures II, III et IV donnent une idée suffisante de notre véhicule aérien.
[illegible] XI sss est une lame d'acier mobile à ses deux extrémités et fixée au mobile et au piston remorqueur

de telle manière que l'un ou l'autre de ses points d'attache, et même tous les deux, puissent être détachés, à la volonté du conducteur, par une certaine manoeuvre. Si le centre de gravité se trouve au milieu de la nacelle, le point d'attache de la lame sss doit, ce nous semble, se trouver plutôt en avant qu'en arrière de ce centre de gravité. MM est le corps de la nacelle cellulaire, aussi longue, aussi solide, aussi légère que possible; les portières à verres épais et dormants sont sur les côtés; à l'avant se trouve aussi un ou plusieurs petits jours à l'usage du conducteur qui, de sa place, doit pouvoir facilement manoeuvrer le gouvernail de l'arrière gg et le grand gouvernail supérieur ARA. De l'eau, chauffée par la vapeur à chaque station, donne, en hiver, à toutes les cases, une douce température; de petits ventillateurs, fixés à la partie supérieure, renouvellent l'air; de larges courroies, dont les deux extrémités sont attachées à deux forts ressorts, doivent se trouver à hauteur de ceinture et sont destinées à vaincre l'inertie du voyageur, quand, par un accident quelconque, le mobile viendrait à s'arrêter trop brusquement.

Le gouvernail supérieur, dont les deux tourillons reposent sur les deux larges lames de fer mobiles à leur extrémité R, peut prendre une plus ou moins grande inclinaison par le moyen de la chainette cc, qui se trouve sous la main du conducteur et qui doit passer par le centre de gravité de la nacelle où se trouve une poulie fixe de renvoi. PP sont les larges patins qui glissent sur la voie à la station et qui sont reliés à la nacelle par les lames d'acier aa, a'a', supports élastiques destinés à prévenir tout choc quand le mobile atterrit. Fig II et III

Le véhicule aérien ne prend terre ordinairement qu'aux stations principales et c'est le directeur de la station qui force à aborder en faisant cesser à temps l'action des locomotives. Mais si, par une cause quelconque, le conducteur est forcé d'aborder ailleurs ou de ralentir la vitesse, plusieurs moyens doivent lui être ménagés. D'abord, par une manoeuvre particulière des gouvernails, ou autrement, une valve peut être ouverte dans le piston remorqueur, ce qui détruit grandement la puissance; une plaque peut venir se reposer sur l'ouverture triangulaire par laquelle l'air rentre dans le tuyau, ce qui diminue singulièrement cette puissance; en donnant, de plus, toute l'inclinaison possible aux deux gouvernails, le mobile s'élève, et présente le flanc: la résistance de l'air s'accroît et la puissance de traction, devenant plus oblique, diminue. Enfin, pour mesure extrême, si les signaux de détresse ne sont pas aperçus, ou si la tige ss casse, on aborde le sol où l'on peut et sous l'angle le plus aigu que possible. Tout le long du cylindre propulseur, la voie est aplanie et suffisamment large d'un côté de ce cylindre. Rien n'empêche donc de supposer que la tige sss venant à être brisée ou abandonnée, le gouvernail de derrière yyy ou bien une surface yyy', maintenue droite jusqu'alors par la tige sss fortement tendue, s'incline vivement sous la pression d'un ressort et de l'air et force ainsi la nacelle à prendre terre à côté du tube AAA'. Le mobile ne doit s'élever que d'un mètre ou deux au plus au dessus du sol, puisque la traction diminue d'après la relation $P \cos \alpha$, P étant la traction et α l'angle que fait la tige de remorque sss avec la direction du piston; mais, dans une rampe un peu forte, pour éviter que les patins PPP ne viennent à toucher la terre sous un angle trop ouvert, ne pourrait-on pas établir des barres de fer directrices qui forceraient le gouvernail supérieur à s'incliner convenablement sans la main du conducteur.

Quant au piston, déchargé de son fardeau, il ne prendra pas néanmoins une vitesse indéfinie, à cause du vide qui tend à se former en amont et qui forcerait une longue colonne d'air à se mettre en mouvement et parce que les locomotrices ont une vitesse réglée pour maintenir en aval un vide constant et déterminé. Le piston ne tarderait donc pas à comprimer l'air dans le tube propulseur et à perdre ainsi son excès de vitesse; il n'aura donc que la vitesse ordinaire; mais, s'il y a négligence dans le service de la ligne aérienne, il pourrait très bien ouvrir toutes les soupapes à tiroir et détruire ainsi l'ouvrage des locomotrices. —— La rencontre de deux mobiles est impossible, même avec un seul tube propulseur, puisque les machines stationnaires ne peuvent et ne doivent pas en même temps, par les tuyaux F et F', maintenir l'air suffisamment déprimé dans deux sections de tuyau adjacentes. —— Pour éviter qu'un vent oblique violent ne renverse la nacelle, on aura soin dans la construction de répartir tellement l'étendue des surfaces latérales, au dessus et au dessous du plan de gravité horizontal, que les moments de ces surfaces donnent des résultats identiques. Un vent direct et contraire de 20 mètres de vitesse par seconde (et de 60 mètres relativement au mobile) ne diminuerait pas même d'un mètre la vitesse de notre nacelle.

Avec une vitesse de 40 mètres par seconde, le piston s'usera vite, et le frottement fera développer une énorme quantité de calorique. Nous supposons donc que la surface frottante de ce piston et de sa barre est formée par des lames d'acier fortement trempé, faciles à enlever et remplacer dans les stations où il y a solution de continuité dans le tube propulseur; que ce piston renferme du suif qui, se fondant sous le calorique dégagé, lubrifie constamment les parois de ce tube; que ce piston renferme même de l'eau dont la vaporisation est le plus sûr moyen d'en abaisser sans cesse la température ou que, par le moyen d'un petit tube flexible ttt, accolé à la tige sss, de l'eau s'écoule toujours du mobile dans l'intérieur du piston remorqueur. figure V. 6

La vapeur produite s'échapperait au travers de trous microscopiques par une face quelconque
du double piston, mais beaucoup plus rapidement en aval qu'en amont, à cause du vide.
Pour éviter le transport d'une trop grande quantité d'eau, servant à rafraîchir sans cesse le piston et
à réchauffer en même temps la nacelle pendant l'hiver, on peut supposer qu'à chaque station se
trouve un réservoir allongé, renfermant l'eau chaude qui a servi à la condensation de la vapeur des
locomotrices et qu'une voûte élevée, sous laquelle passe le mobile, maintienne cette eau suffisam-
-ment chaude, malgré le froid le plus rigoureux. Alors une tige creuse, qu'un plan incliné forcerait
à s'abaisser dans ce réservoir, pomperait, par la rapidité de sa course, l'eau chaude nécessaire
pour le trajet d'une station à l'autre. —— Dans la construction du tube propulseur, on
devra se souvenir que de 0° à 100° centigrades, l'allongement pour le fer est de plus d'un millimètre
par mètre. Nous proposons donc le mode de jointure indiqué dans la figure VII, planche 1. Chaque
bout de tuyau est aminci et rivé avec un autre bout de tuyau. Pour éviter l'entrée de l'air par
les ouvertures o qui résultent de ce mode d'assemblage, il faut rabattre les deux bandes de cuir BB,
qui règnent tout le long de la fente du tuyau et comme on suppose que la partie supérieure
de la barre du piston frotte contre la partie inférieure des deux bandes de cuir a a, nous cro- fig V et 1
-yons que notre tube propulseur est suffisamment étanche, même pendant la marche.
Les deux bandes de cuir a a doivent être enduites de suif et ce suif sera fondu, malgré le froid
le plus rigoureux, par le calorique dégagé d'une barre d'acier que remorque le piston. Le tube
est toujours ainsi hermétiquement fermé. Les raccordements des bouts de tuyau pourront être faits
en cuir, ce qui n'augmentera pas, comme dans le mode de jointure ci-dessus, la résistance à l'écar-
-tement quand passe le piston remorqueur. —— Par suite d'usure dans le piston, une certaine
quantité d'air pénétrerait entre la barre du piston et le bas des bandes de cuir, au travers des
trous o, quand le piston et sa barre écartent le tube propulseur. On établira peut-être fig VII Pl 1.
alors une double soupape à charnière, fixée sur cette barre et glissant sur les deux bandes de
cuir ; pour démontrer le degré d'utilité de cette soupape, ou tout autre moyen de fermeture,
supposons que l'air atmosphérique pénètre dans le tube par un trou gros comme le doigt, par
une ouverture d'un centimètre quarré. D'après la formule $v=\sqrt{\frac{g(p-p')}{3p'\pi}\left(p+\frac{8pp'}{p+p'}+p'\right)}$
dans laquelle $g=9,8088$, $p=10330^k$, $p'=1033^k$, π ou le poids du mètre cube d'air $=1,3^k$,
on trouve $V=654$ mètres. Donc la quantité d'air qui entrerait au plus par cette ouverture
serait de $0,8\times 0,0001^{m.q}\times 654^m = 0,05232^{m.cub}$, pesant $0^k,068$. La quantité de travail dépensée dans une

seconde serait donc de $\frac{1}{2}\frac{P}{g}V^2 = \frac{1}{2}\frac{0,068}{9,8088} \times \overline{654}^2 = 1482^{K.m}$ dont il faudrait retrancher la quantité de travail provenant des frottements et marquée par $0,00324\,\frac{q}{g}\,\frac{4CV^2}{a}$, formule dans laquelle $q = 0^K,068$, $g = 9,8088$, $r = 0^m,05$, $C = 0^m,04$, $V = 654^m$ et $a = 0^{m.q},0001$. En effectuant les calculs, on trouve 192 kilogrammètres; donc $1482^{K.m} - 192^{K.m} = 1290$ K.m, tel est à peu près la perte de travail provenant d'un trou dont la section serait un décimillimètre quarré; ce serait ainsi pour les locomotrices un surcroît de travail de $\frac{1290^{K.m}}{75^{K.m}} = 18$ ch. vap. ou le dixième environ de leur force. On voit d'ailleurs, par là, qu'une ouverture de cent centimètres quarrés dans le piston moteur forcerait bien vite au repos notre mobile aérien.

A chaque station principale de départ et d'arrivée, la nacelle ailée glisse sur deux larges rails en fer ou en bois bien polis et enduits de suif, prend un mouvement accéléré sous la traction constante du piston remorqueur, presse de moins en moins les rails et quitte enfin la terre quand la vitesse est suffisante. En suivant les mêmes raisonnements que dans notre premier mémoire, nous croyons qu'un gouvernail supérieur, de 20 mètres de long sur 3 mètres de large, ou de 60 m.q, incliné à 30° sur l'horizontale, aurait une surface suffisamment grande pour soutenir dans l'air un mobile pesant 8 à 10000 kilogrammes, quand il parviendrait à la vitesse de 30^m par seconde. En effet, un gouvernail de $60^{m.q}$, incliné à 30°, a une projection de $30^{m.q}$. Pour une telle surface, $K = 2,6$ au moins; mais comme cette surface se voile sous la pression de l'air, $K = 2,6 + \frac{2,6}{5} = 3,12$; d'ailleurs, à cause de la vitesse, $K = \frac{67}{60} \times 3,12 = 3,48$; mais, à cause de l'inclinaison, $K' = 0,35\,K$ ou $K' = 0,35\,K = 1,218$ et comme c'est le plan qui se meut $K = 1$ environ. Donc, la quantité de travail dépensée par ce gouvernail en une seconde ou RV sera $0,0625\,3.1.30^{m.q}.\overline{30}^3 = 50649$ kilogrammètres; ce qui nous indique que notre oiseau de fer pourra se soulever des rails, puisque, pour obtenir ce résultat, nous n'avons à dépenser par seconde que $\frac{1}{2}Pg = 49044$ kilogrammètres.

Pour éviter ce monstrueux gouvernail qui, malgré la force des tirants et des côtes, tendrait toujours à prendre plusieurs courbures, nous avons adopté, dans notre premier mémoire sur une espèce de navigation aérienne rapide, une construction qui donne à toutes les parties de l'appareil une plus grande solidité et qui permet de transporter un plus grand poids utile, c'est-à-dire un plus grand nombre de voyageurs. Dans cette combinaison, les ailes sont solidement fixées aux flancs de la nacelle et aux patins, l'inclinaison de ces ailes et de la nacelle résulte de la résistance à l'air d'un plan à inclinaison variable qui se trouve à 10 ou 12 mètres au dessus de cette nacelle. Les sièges des voyageurs doivent être alors suspendus comme une escarpo-

-lette et les entrées sont par dessus, par dessous, ou par l'avant de la nacelle.

Essayons maintenant de déterminer approximativement la longueur des rails de niveau qu'il faudrait établir à chaque station principale. D'après la relation $v = \frac{Ft}{m} = \frac{gFt}{P}$, on voit que le corps P de 9500 Kil. sous la pression F de 1800 K. acquerra dans chaque seconde la vitesse v diminuée de la vitesse v' que toutes les résistances F' imprimeraient à ce même mobile si ces résistances étaient des puissances et comme $v' = \frac{gF't}{P}$ on a $v - v' = v'' = \frac{gF}{9500} - \frac{gF'}{9500}$ ou $v'' = 1,85 - 0,00103\,F'$. Supposons maintenant que cette vitesse finale v'' soit égale à 0,3 dans la première seconde. Cela posé, la résistance F' se compose :

1° De l'inertie du mobile, du piston... marquée par $\frac{1}{2}\frac{P}{g}V \times V$ dont la première partie $\frac{1}{2}\frac{P}{g}V$ représente, selon nous, la résistance due à l'inertie, soit $\frac{1}{2}\frac{10000}{9,8088} \times 0,3 = 153$ Kilogrammes.

2° De la résistance produite par le frottement du piston dans le tube, soit $\frac{2041035}{5000} = 408$ Kilogram :

3° De la résistance causée par le frottement du mobile sur les rails ou $fP = 0,08 \times 9500^{k} = 760$ Kil :

4° De la résistance de l'air contre le mobile au moins de 60 Kilogrammes.

5° Puisque la rentrée de l'air en aval du piston donne une perte de travail de moins de 122027 Kilogrammètres pour 125 secondes, nous admettrons pour cette résistance par seconde 24 Kilog. ce qui est beaucoup trop. — Le total approximatif de la résistance F' = 1405 Kilogrammes ; donc $v'' = 1,85 - 1,45 = 0^{m},4$, tandis que nous avions présupposé $0^{m},3$ pour la valeur de v''.

Comme nous n'avons admis que des résistances moyennes et constantes et que la puissance reste la même, nous trouverons encore qu'au bout de la deuxième seconde, l'accroissement de la vitesse du mobile sera de plus de 0,3 et ainsi de suite. Donc dans moins de 100 secondes, le mo-bile atteindra une vitesse de 30 mètres ; donc, d'après la relation $E = \frac{1}{2}Vt$ ou $15 \times 100'' = 1500^{m}$, le chemin parcouru sur les rails de niveau sera de moins de 1,500 mètres.

Ces calculs approximatifs nous démontrent 1° que sur une voie de niveau, il conviendrait de poser notre véhicule aérien sur roues pour qu'il puisse acquérir plus tôt une vitesse de 30^{m} ; on abandonne alors le chariot à sa vitesse acquise qui va se perdre dans le sable de la voie ; que pour éviter la construction dispendieuse de longues voies qui prennent d'ailleurs un terrain précieux, ce mode de locomotion aérienne convient surtout pour de grandes distances avec un petit nombre de stations principales ; que, dans l'avenir, des rails, immenses cycloïdes suspendues, s'appuieront contre le sommet d'une tour ou d'une colline : soulevées par les locomotrices à une hauteur de 50 à 60 mètres, nos hardies nacelles, précédées de leur piston remorqueur, s'élanceront de là dans l'espace et, dans quelques secondes, elles auront acquis la vitesse de 30 mètres

Nos descendants verront des communes qui ne ressembleront guère à nos pauvres villages, autour des locomotrices qui fourniront à peu de frais — la force, pour forger, tourner les bois et les métaux, pour moudre le blé, tisser les étoffes etc — la chaleur, pour la cuisson du pain, pour la cuisine, pour le séchage du linge, de la fécule, pour le chauffage de toute la commune des bains, des serres, des écuries etc. —— la lumière, par la distillation de la houille ou des bois, pour l'éclairage, pendant les longues soirées et matinées d'hiver, de toutes les chambres, de tous les ateliers ....——— aussi, la voie aérienne, source de prospérité pour tous, ne sera pas brisée par la brutale ignorance. ——— On verra les riches Kamtchadales, Anglais, Maures ....., à défaut de tubes propulseurs, se passer la fantaisie de fendre les airs dans de légères nacelles aériennes remorquées par un nombreux attelage de Rennes, ou de chevaux, ou de cerfs, ou de zèbres, ou d'autruches .....

L'espèce de navigation aérienne rapide par traction que nous venons d'esquisser, sera le complément de la locomotion rapide que nous allons examiner dans le chapitre suivant.

Quand à l'espèce de navigation aérienne, analogue de l'oiseau, le problème, cherché depuis 50 ans et plus, attend toujours une solution. Une machine puissante et légère, dont le moteur serait la poudre, la poudre coton etc, ferait avancer singulièrement la question ; mais la force de la poudre coûte quatrevingt dix fois plus que la force de la vapeur produite par la houille. Cette locomotion, en tout cas, serait plus dispendieuse que celle par traction et bien plus dangereuse surtout.

L'espèce de navigation aérienne, l'emblème du nuage ou d'une bulle de savon, a été tellement perfectionnée, à ce qu'il paraît, par un hollandais, qu'à Paris l'on a proclamé que chercher un vent favorable en montant ou en descendant, c'était naviguer, et que le fameux problème de la navigation aérienne était complètement résolu.

Un autre mode de locomotion aérienne, plus ou moins rapide, dont nous ne dirions mot, s'il ne nous avait servi de point de départ, est celui-ci : On s'élève en ballon ordinaire à une hauteur de 4 à 5000 mètres d'où l'on se laisse tomber. Un parachute, immense plan incliné, en toile ou en tôle mince, transforme le mouvement vertical en un mouvement de plus en plus horizontal. Une ficelle en soie ou un fil de fer que l'on tient depuis la terre ouvre un passage à l'hydrogène et le ballon, armé d'un parachute particulier, redescend, mais pas toujours sans encombre. D'ascensions en ascensions, on parviendrait au but, dans un temps plus ou moins long.

Au reste, pour déterminer la valeur de notre mode de locomotion aérienne par traction, que l'on fasse des expériences sur le chemin de fer atmosphérique entre Bristol Birmingham et la Tamise ou sur celui de St Germain.

Chapitre II

Locomotion terrestre rapide.

Nous abordons la partie capitale de notre mémoire.

Le ricochet d'une pierre, d'une balle sur la surface unie de l'eau, tel est le fait qui a pu nous conduire au mode de locomotion que nous allons décrire. —— Le long du bord d'une rivière ou d'un canal, si nous supposons construit un appareil remorqueur ainsi que ses stations, représentant une force de 150 à 200 chevaux vapeur et établi de cinq kilomètres en cinq kilomètres, un bateau en fer, monté sur deux patins creux, ayant chacun la forme avantageuse des bateaux à vapeur, volera sur l'eau, s'il ne pèse que 8 à 10000 kilogrammes, avec une vitesse de 40 mètres par seconde ou de 144 kilomètres par heure. —— Supposons d'abord que les patins ne soient pas relevés à l'avant, que leur section transversale immergée dans le fluide soit 0,5 mètre quarré, que leur longueur soit de 20 à 25 mètres, qu'ils déplacent par conséquent une dizaine de mètres cubes d'eau, et que de plus, dans la relation $RV = 51 \cdot K \cdot A \cdot V^3$, K, ou la valeur du multiplicateur théorique de la résistance à l'eau de ces patins, soit égale à 0,25. La quantité de travail à dépenser pour remorquer notre bateau avec une vitesse moyenne et constante de 40 mètres par seconde serait donc marquée par $RV = 51 \cdot 0{,}25 \cdot 0{,}5 \cdot 40^3 = 408\,000$ kilogrammètres.

Supposons, au contraire, que les patins soient relevés à l'avant et forment un plan très incliné; désignons par A' leur section transversale plongée dans l'eau et par $20A'$ le volume d'eau qu'ils déplacent quand le bateau parvient à la vitesse de 40 mètres; le poids de cette eau déplacée par les patins sera donc de $20000A'$; nous n'aurons donc à soutenir contre l'action de la pesanteur qu'un poids égal à $10000^k - 20000A'$ et à dépenser par seconde qu'une quantité de travail mécanique

marquée par $(10000^{K} - 20000 A')\,4,9044$ Kilogrammètres. Donc $RV = 51\,KA'V^3 = (10000 - 20000A')\,4,9044$.
Faisons encore $K = 0,25$ et comme $V = 10^m$ on a $A' = 0,0536$ mètre quarré. Ainsi $RV = 51\,KA'V^3 = 43738$ Kil.mèt. et dans le cas où les patins ne sont pas relevés nous avons trouvé $RV = 408000$ K.m. La force de tirage $\left(\frac{43738}{40} = 1094^{K}\right)$, dans le premier cas, est donc neuf fois plus petite que dans le second $\left(\frac{408000^{K.m}}{40} = 10200^{K}\right)$ et le poids de la nacelle au lieu de 10000 K ne doit plus être compté que pour $10000 - 20000 \times 0,0536 = 8928$ K. Si l'on avait fait abstraction de l'eau déplacée par les patins, on aurait eu $51\,KA'V^3 = 10000 \times 4,9044$ d'où $A' = 0,06$ et $51\,KA'V^3 = 48960^{K}$ au lieu de 43738 K. — L'inspection de la formule $RV = 51\,KA'V^3 = (10000 - 20000A')\,\frac{1}{2}g$ nous montre les avantages des longs patins.

Il a été observé depuis long-temps sur les canaux que, dans un hâlage de plus en plus rapide, les ondulations, ainsi que le remou, diminuaient avec la vitesse et que la force de traction n'augmentait pas comme le quarré de la vitesse. Le bateau-poste du canal du midi, le bateau rapide du canal de l'Ourck, le paquebot du canal Erié etc. sont déjà l'application de ce principe que nous nous sommes efforcé de pousser jusqu'à ses dernières limites. Sur les rivières les plus rapides, sans augmentation, pour ainsi dire, dans la force de tirage, notre nacelle tendrait même à s'élever encore plus sur l'eau, si la gravité ne faisait pas diminuer légèrement la vitesse de cette nacelle, tandis qu'un bateau à vapeur, à la remonte d'un courant, voit réduire considérablement son mouvement par trois causes : la gravité, la résistance plus forte de l'eau et le mode d'action des appareils propulseurs sur un fluide qui fuit.

Après cela, que le roi des chemins de fer et tant d'autres, ne viennent plus nous vanter la vitesse merveilleuse des locomotives, ces ouragans de fer, ne pouvant, qu'à grands frais et périls, imprimer, sur une voie de niveau, la modeste vitesse de 10 à 15 mètres par seconde ; tandis que sur un canal, sur une petite rigole d'irrigation, plus de 50 personnes pourraient être, sans cahots, sans poussière, sans danger, transportées d'un bout de la France à l'autre en moins de sept heures en ligne droite, dans moins de 12, en suivant une ligne plus ou moins sinueuse.

Sur un canal continu de Dunkerque à Perpignan, point d'arrêts, si l'on veut, dans les stations, l'eau du canal rafraîchit sans cesse le piston remorqueur et les écluses de cinq mètres et plus de hauteur sont franchies facilement en vertu de la vitesse acquise. Le saut ou la montée des écluses est suffisamment expliqué dans les figures 1 et 11. Aux extrémités de la nacelle, sont quatre bras n n, solides, armés, s'il est nécessaire, de roulettes, qui, à chaque écluse, s'engagent alternativement dans deux rainures T T. Je conçois que le milieu de la nacelle ne se plie, on pourrait le soutenir par un appareil analogue à une manivelle ; le cylindre ne suivrait l'ondulation de la rainure TT et le bras n n' ferait fonction de ressort. Voici du reste le système de construction qui nous semble le plus avantageux. Le mobile pesant 10000 kilogrammes est formé d'une suite de cellules qui reposent sur deux patins creux, longs de 40 mètres, par exemple. Chaque cellule, armée de deux ou quatre bras, est fixée sur les deux patins par des lames de fer faisant fonction de ressorts de suspension. Ces ressorts sont de moins en moins longs, à partir du milieu de la série des cellules. Par cette disposition, toutes les cellules, véritables vertèbres, peuvent suivre parfaitement les ondulations des rainures directrices au passage des écluses et les patins sont maintenus ainsi suffisamment en ligne droite par les ressorts de suspension. KK K'K' sont deux chemins de fer servant à diriger les bras n n n dans les fig. 9 et 10 rainures TT quand le niveau de l'eau vient à baisser; et pour obvier au cas très-rare de la rupture des bras n n n, on peut supposer que ce chemin de fer soit continu de K en K' et suive à distance l'ondulation de la rainure TT. Nous croyons donc que les patins aborderont un autre bief sous un angle très aigu, sans choc et par suite sans le moindre danger pour les voyageurs. Nous n'avons ainsi pas même besoin dans notre espèce de locomotion terrestre, ou plutôt aquatique, d'un canal proprement dit, qui doit dépenser une certaine quantité d'eau pour élever ou descendre les nacelles d'un bief dans un autre; nous n'avons qu'à réparer les pertes provenant de l'évaporation et des filtrations. Dans les pays où l'alimentation du canal serait insuffisante, il est prudent, pour qu'il ne devienne pas une cause d'infection, qu'il ait une certaine profondeur et que ses bords soient ombragés. En hiver, si tous les biefs sont vides ou gelés, le service serait interrompu pendant des mois entiers comme aux États-Unis, au Canada, en Russie etc. C'est alors qu'aura lieu notre locomotion aérienne par traction et le traînage rapide; sur la glace et la neige, des nacelles, aux longs et larges patins, transportant en masse les hommes et les choses. —— Pour servir à l'irrigation en même temps qu'à la navigation plus ou moins rapide, nos canaux seront généralement au dessus du niveau du terrain avoisinant et pour éviter les pluies de neige, on protégera le chemin de halage, dans les endroits dominés et même sur toute la longueur du canal, par de larges et profondes tranchées, par de hauts épaulements et surtout par la plantation d'une ou plusieurs rangées d'arbres, à certaine distance toutefois du canal et de la chaussée. Le chemin de halage doit être assez large pour que l'avant train du véhicule, au moyen de deux bras, faisant l'office de charrues, puisse amonceler de chaque côté du tube propulseur la quantité de neige suffisante. Pour parer même à l'absence totale de neige, les deux rigoles qui transforment, pendant l'été, les chaussées en de fertiles prairies, deviennent, pendant l'hiver, deux larges rails de glace, dont l'usure est facile à réparer. Nos chaussées, servant au traînage, sont donc unies, luisantes comme un miroir et ne sont pas, comme celles de la Russie actuelle, ondulées, sales, et piétinées. [illegible], dès maintenant, un bon traînage existe dans ce dernier pays, les chevaux ou les Rennes devraient suivre un chemin clos de deux balustrades basses, et marquer sur deux chemins de neige latéraux, deux traînées parallèles de rocailles montées sur de longs et larges patins de fer.

Quel bienfait pour tous les pays du nord, si l'on parvient à faire en bois un tube propulseur parfaitement étanche! Ces pays posséderaient alors, pour les longs mois de l'hiver, une voie de communication sur la neige et la glace plus rapide, plus sûre, et infiniment moins coûteuse que les chemins de fer. Les bois, pour la confection de ce tube, pourraient être, d'après le procédé du docteur Boucherie, rendus incombustibles, durs, inaltérables, insensibles aux variations atmosphériques. Étroites, épaisses, parfaitement lisses intérieurement et fabriquées économiquement par une machine à cabestan facile à imaginer, les douves de ce tube propulseur formeraient voûte, et seraient pressées l'une contre l'autre par des cercles en fer ondulés et posés à chaud, pour obvier aux changements de température. Chaque bout de tube serait raccordé au suivant par une bande de cuir sous un cercle de fer ondulé.

La figure IV nous montre les trois modes de locomotion terrestre qui, réunis, doivent, dans les siècles où nous vivons, l'emporter infailliblement sur les chemins de fer, pour la rapidité, la sécurité, l'agrément et l'économie relative. —— Dans les siècles futurs, ses innombrables railways, remplaçant nos routes ordinaires, les chevaux, les cerfs, les antilopes, les chameaux, les éléphants etc. traîneront plus ou moins rapidement les wagons dans les cinq parties du monde; mais, comme il est facile de le voir, les chemins de fer à locomotives et même les railways à traction atmosphérique, ont été inventés trop tôt pour le bonheur de nos pays civilisés. — C'est la massue d'Hercule dans les mains d'un enfant. C'est le luxe dans la misère. Supposons, en effet, que toute la France soit sillonnée de ces chemins de fer que l'on nous prône tant, supposons que ce [illegible] [illegible], dont nous [illegible] si prodigues, ne puissent [illegible]:

[illegible] circuler par milliers [illegible] et mille voies, les Français seront-ils moins [illegible], mieux nourris, moins [illegible], moins [illegible], plus heureux, en un mot? [illegible] nous est-il donné de prodigieux moyens de transport [illegible] d'argent [illegible], si nous n'avons rien ou peu de chose à transporter? [illegible] qui exigent un transport rapide et peuvent en supporter les frais! Une nation ne peut devenir riche qu'autant qu'elle produit ce qu'elle [illegible] par son travail. Les voyageurs de nos jours seraient-ils généralement des travailleurs productifs ? S'ils s'enrichissent eux ou les leurs, malgré une concurrence acharnée, ce n'est-il plus souvent qu'au détriment des autres et sans profit pour la nation. On nous oppose les États-Unis dont les chemins de fer ont décuplé les richesses ; mais les canaux dans le nord sont gelés pendant quatre à cinq mois dans l'année, et les Américains, intrépides travailleurs et grands consommateurs, par conséquent, s'ils préfèrent les chemins de fer, c'est qu'ils se dépêchent de récolter dans un riche et vaste pays ce que la nature a semé, pendant la suite des siècles ; tandis que nous, nous avons à produire, à créer ; car nous sommes pauvres et nombreux. —— Que la France, au contraire, que tous les peuples de la terre emploient leur force à faire des canaux, perfectionnent leurs cours d'eau, leurs rivières, leurs fleuves, leurs côtes ; chacun de ces trav[illegible] sera payé au centuple et le monde entre à pleines voiles alors dans la voie de ses destinées heureuses.

Dans l'avenir certain, mais lointain, que nous rêvons, plus de sécheresses, plus de débordements dévastateurs, plus de marais pestilentiels, plus de maladies, plus de misère, plus de vols, plus de crimes, plus de guerres. —— Boisés avec art, ainsi que les plaines et les montagnes, les coteaux supportent partout des canaux et même des fleuves poissonneux sur lesquels flottent les lourds bateaux et volent nos rapides nacelles ; des aqueducs gigantesques, dignes d'une population grandie, enjambent les larges vallées, percent les hautes montagnes ; les gorges stériles dans les Vosges, les Alpes, les Pyrénées.... sont transformées en d'immenses réservoirs ; la Loire et le Danube réunis seront remplacés par un canal, à proportions cyclopéennes, qui sera la principale voie de l'Europe et peut-être du globe, puisqu'elle ... parallèle au grand continent de l'Afrique et perpendiculaire à deux autres, l'Asie et l'Amérique, et qui, coupé perpendiculairement par une nouvelle Seine et un nouveau Rhône, arrosera une nouvelle capitale de la France ; les isthmes de Panama, de Suez..... seront tranchés si profondément que des vaisseaux, auprès desquels les nôtres sont des coques de noix, les franchiront rapidement sans avoir à traverser une écluse ; de larges canaux de ceinture, pour un immense cabotage, borderont tous les pays, tous les continents, seront les gigantesques ports continus de populeuses cités et les avant-ports, nouvelles Venises, au milieu de vastes rades artificielles, seront jetés au loin dans la mer profonde.

L'eau produit l'eau. La France reconquiert la quantité d'eau pluviale qui lui est destinée par sa position géographique et sa latitude ; les multiples rangs d'arbres, de toute essence, qui bordent mille canaux s'entrecoupant, brisent plus efficacement la vitesse du vent que nos forêts enchevêtrées, rabougries, véritables glacières que le printemps redoute. — L'eau produit l'herbe. Au lieu des quelques millions de bœufs, de moutons, de chevaux..... abâtardis, la France pourra nourrir abondamment par centaines de millions.

tous les animaux qui lui seront nécessaires, utiles ou agréables et qui approvisionneront son industrie et par suite son commerce. Le quart des terres, actuellement consacrées aux céréales, produira plus alors que la totalité maintenant ; mais aussi ce quart sera parfaitement cultivé, fumé, amendé, assolé, arrosé.

L'eau produit la force motrice ; car sans eau pas de bois et réciproquement. Par le moyen de réservoirs, de puits artésiens et de reboisements progressifs, l'eau rendra la vie au Sahara qui nous fait geler nos vignes, et à tous ces déserts brûlants de l'Asie, de l'Afrique... qui seront alors une mine de charbon, inépuisable comme l'atmosphère. Nous n'aurons plus alors que des vents modérés, constants, périodiques ; la climature générale du globe sera perfectionnée, les saisons seront régulières, les récoltes toujours sûres et nos descendants pourront dire alors : notre belle et bonne France. — Que la France fasse donc des canaux au lieu de guerres et de révolutions ; que tous les chefs des peuples, que toutes les législatures, osant briser enfin l'esprit égoïste et routinier de la propriété, fassent une loi vigoureuse sur l'irrigation.

Pour nous résumer, les canaux, dans le siècle actuel surtout, ont des avantages énormes sur les chemins de fer — 1° Pour la locomotion lente de un mètre par seconde et au dessous, ils n'ont pas de rivaux. L'expérience, en effet, a décidé qu'un cheval, marchant au pas, ne peut porter à dos qu'environ 80 kil. sur un chemin horizontal et d'une manière soutenue ; tandis que, sans se fatiguer davantage, il peut transporter jusqu'à milles kilogrammes sur une bonne route ordinaire et au moyen d'une voiture ; qu'il en peut transporter 10000 sur un chemin de fer de niveau et jusqu'à 20000 sur un canal horizontal. Pour le halage, comme pour le labourage, le boeuf, présent le plus précieux que la nature ait fait à l'homme, finira par remplacer le cheval, cet animal de luxe, l'emblême frappant de l'ancienne noblesse de race.

2° Les canaux l'emportent encore sur les chemins ordinaires et même sur les chemins de fer pour le transport économique des voyageurs et des marchandises à raison de 3, 4 ou 5 mètres de vitesse par seconde. En effet, d'après une publication anglaise de 1833, un service régulier de bateaux est maintenant établi sur le canal d'Edimbourg et de Glascow et sur celui de Lancastre, pour le transport des voyageurs et des marchandises avec une vitesse de 10 milles à l'heure (16 kilomètres) et à un prix moitié de celui qu'on payait avant l'établissement de ce service. En France, sur le bateau poste du canal du midi où la vitesse effective de déplacement est de 7 à 8 kilomètres par heure, on paye dans le salon 7 ½ centimes et dans la chambre 5 centimes par kilomètre et par voyageur ; tandis que dans nos diligences dont la vitesse moyenne est de 8 kilomètres par heure, le prix moyen des places peut être évalué ainsi par kilomètre : coupé 0f,15, intérieur 12 ½, rotonde ou banquette 8 à 10 centimes.

Nous trouvons dans l'Aide-mémoire des officiers du génie par J. Laisné que le tirage d'une charrette à deux ou quatre roues, se mouvant sur une très-bonne route, est le $\frac{1}{25}$ ou le $\frac{1}{30}$ de son poids total ; que celui d'une voiture suspendue, au grand trot, est le $\frac{1}{14}$; et que celui de la même voiture, sur un terrain sablonneux ou sur des cailloux nouvellement placés, est le $\frac{1}{8}$. Cela posé : une diligence d'un poids brut de 5000 kilogram., par exemple, transporte 16 voyageurs et 8 à 900 K. de marchandises – soit 2500 Kil. de poids utile – avec une vitesse ~~utile~~ moyenne de 10 à 11 kilomètres par heure ou 3 mètres de vitesse par seconde. Admettons que le rapport du tirage au poids total soit constamment de $\frac{1}{30}$. La force de tirage sera donc $\frac{5000}{30} = 166$ kilogrammes ou $\frac{166}{5} = 33$ kilogrammes pour chacun des 5 chevaux ; chaque cheval devrait donc dépenser $33^{k} \times 3^{m} = 99$ kilogrammètres, ce qui est énorme et plus du double de ce que l'on compte ordinairement pour la force d'un cheval au trot. Remplaçons maintenant cette diligence par une nacelle ABCD montée sur deux patins creux P P' P'' P''', en tôle de fer ou de cuivre bien lisse, de la forme la plus avantageuse, longs d'une vingtaine de mètres, et pouvant résister, sans ployer, sur toute leur longueur à la charge qu'ils supportent. Pour franchir des écluses trop courtes, les parties P et P''' pourraient se tirer et se relever. — Si pour les deux patins la section transversale immergée est $0,25^{m.q.}$, le volume de l'eau déplacée sera $0,25 \times 20 = 5$ mètres cubes, dont le poids équivaut au poids total de l'appareil, des voyageurs et des marchandises. Donc la quantité de travail mécanique consommée par la résistance de l'eau contre cette nacelle pesant 5000 Kil. et se mouvant avec une vitesse de 3 mètres par seconde sur un canal horizontal est au plus $51\,KAV^3 = 51 \cdot 0,2 \cdot 0,25 \cdot 3^3 = 68,85$ kilogrammètres et la quantité de travail consommée par la résistance de l'air est $0,063 \cdot 0,2 \cdot 1,5 \cdot 3^3 = 0,51$ kilogrammètre. Total 69,36 Kil. mèt. et nous avons trouvé pour la diligence $166 \times 3 = 498$ Kil. mèt., résultat sept fois plus fort. Le tirage de notre nacelle équivaut à $\frac{69,36}{3} = 24$ kilogrammes environ et le rapport du tirage au poids remorqué serait, sauf erreur, $\frac{24}{5000}$ ou moins de $\frac{1}{200}$ comme sur les railways. Un seul cheval, au lieu de cinq, suffirait donc pour transporter avec une vitesse de 3 mètres par seconde une diligence aquatique pesant 5000 K. et chargée d'une vingtaine de voyageurs ainsi que d'un millier de kilogrammes environ. Si cette diligence avait des patins de 40 m. de longueur au lieu de 20, le rapport du tirage au poids remorqué ne serait plus que le $\frac{1}{400}$, rapport plus avantageux que celui sur les railways. fig. XIV. Pl. II

3.° Des expériences faites en Angleterre ont décidé que sur les canaux, le tirage ne s'y élève pas à $\frac{1}{400}$ du poids transporté, lorsqu'il est opéré lentement et qu'il augmente plus rapidement que le carré de la vitesse jusqu'à une certaine limite (3^m à $3^m,50$), à cause du remous et des ondulations.

Un bateau pèse 10000 K., par exemple, ses patins ont 40^m de longueur ; donc, s'il doit avoir une vitesse de cinq mètres par seconde ou de 18 Kilomètres par heure, on devra dépenser constamment 400 Kilogr-ammètres environ, d'après les relations $51KAV^3 = (10000 - 40000A)\,4{,}9044$ et $0{,}063\,KA'V^3$. La force de ti[rage] serait $\frac{400}{5} = 80$ Kilogrammes et le rapport du tirage au poids remorqué serait $\frac{80}{10000} = 1/125$ envi[ron].

Pour haler une diligence aquatique, qui aurait des patins de 20 mètres de longueur, et qui pe-serait 5000 Kilogrammes, avec une vitesse de 8 mètres par seconde, soit plus de 28 Kilomètres pa[r] heure, qu'on emploie des cerfs, dont la chair ne sera pas à dédaigner, ou des chevaux bons coureu[rs] comme en savent faire les Anglais et les Arabes. De la formule $51 \times 0{,}2 \times 8^3 A = (5000 - 20000A)\,4{,}9044$ nous obtenons $0{,}2378^{m.q.}$ pour la valeur de A qui est la section transversale des patins immergée dans le flu[ide] et la quantité de travail mécanique consommée par la résistance de l'eau contre ces patins est $51 \times 0{,}2 \times 8^3 \times 0{,}2378 = 1242$ Kilogrammètres; celle consommée par la résistance de l'air serait au plus marquée par $0{,}063 \times 0{,}2 \times 1{,}5^{m.q.} \times 8^3 = 9{,}67$ Kilogrammètres. Total approximatif 1252 Kilogrammètres, q[ui] répondent à une force de traction de $\frac{1252}{8} = 157$ Kilogrammes. C'est le $1/31$ environ du poids à trans-porter. Donc l'attelage qui pourra faire mouvoir sur une bonne route une diligence chargée pesant 5000 Kilogrammes avec une vitesse de 8 mètres par seconde ou 28,8 Kilomètres par heure, cet attelage transporterait sur un canal horizontal plus facilement un plus grand poids utile avec cette même vitesse. Pour éviter la perte d'eau et de temps au passage d'un bief dans un autre, rien n'empêche d'établir à côté des écluses des plans inclinés avec roulettes fixes que gravira faci-lement notre bateau rapide en vertu de sa vitesse acquise. En évaluant à 50 Kilogrammètres par seconde la quantité de travail mécanique d'un cerf, il nous faudrait, à chaque relai, un atte-lage d'au moins 25 de ces animaux pour haler notre véhicule en question et plus de 12 si cette diligence avait des patins de 40 mètres de longueur au lieu de 20. Il n'en faudrait que 4 sur un chemin de fer de niveau. Mais si les frais de traction sont, pour cette vitesse, moindres sur un chemin de fer que sur un canal, le prix de transport par tonne ou par voyageur et par kilomètre serait infailliblement moindre sur un canal que sur un chemin de fer parceque la vente de l'eau d'un canal d'irrigation pour l'agriculture, pour l'industrie et pour les besoins des communes, produirait seule de beaux dividendes aux actionnaires, tout en enrichissant le pays; qu'un canal, même à large section, coûte généralement trois fois moins qu'un chemin de fer, dont les frais d'entretien et de personnel sont d'ailleurs énormes etc.

3° Pour obtenir sur les canaux la vitesse des locomotives (de 5 à 30^m par seconde) l'appareil remorqueur que nous avons esquissé, ou tout autre meilleur, remplacera la force et la vitesse insuffis[antes] des animaux les plus rapides et quand il s'agira de transporter avec sécurité, agrément et économie plus de 50 voyageurs à la fois, avec une vitesse de 100 à 150 kilomètres à l'heure, les locomotives impuissantes disparaîtront et les chemins de fer céderont enfin le pas aux canaux jusqu'ici méconnus. Nous lisons, en effet, dans un livre intitulé : un million de faits, que, suivant Mr de Pambour, l'effort de traction pour un convoi précédé d'une locomotive et composé de neuf diligences du poids total de 50 tonneaux, s'élèverait successivement à $\frac{1}{200}$, $\frac{1}{150}$, $\frac{1}{100}$ pour des vitesses respectives de 37, 51 et 71 kilomètres, ou environ 10 mètres, 14 mètres, 20 mètres par seconde. D'ailleurs, d'après Mr Clamada, l'inventeur des railways à traction atmosphérique, pour obtenir d'une locomotive ordinaire, vaporant 1,6 mètre cube d'eau par heure, une vitesse de 72 kilomètres par heure, la puissance est tellement faible que c'est à peine si cette locomotive peut entraîner son tender. Donc la progression ci-dessus, continuée, pourrait bien être $\frac{1}{200}$, $\frac{1}{150}$, $\frac{1}{100}$, $\frac{1}{50}$, 0, pour des vitesses respectives de 10, 14, 20, 25, 30 mètres par seconde. Avec notre système de locomotion rapide, au contraire, notre bateau, s'il a des patins de 40 mètres de longueur, s'il pèse, brut, 10 tonneaux, et s'il doit parvenir à la vitesse de 40 mètres par seconde ou 144 kilomètres par heure, consommerait $51 \cdot KAV^3 = (10000 - 40000A)\,4{,}3044 + 0{,}063\,KA'V^3 = 41061$ Kil. environ pour la résistance de l'eau et de l'air. La traction serait donc de $\frac{41061}{40} = 1027$ K. Donc le rapport du tirage au poids remorqué serait de $\frac{1027}{10000} = \frac{1}{9}$ au moins.

4°. Les canaux fourniront à la porte des communes des eaux jaillissantes et de précieux moteurs à régime constant que les arts industriels et agricoles sauroit utiliser. Bien souvent même les chutes artificielles de nos canaux suffiront, sans locomotrices, au service de la ligne.

Pour citer un exemple, de Montbéliard à Besançon, la force motrice du Doubs dont on pourrait disposer, est de plus de 5000 chevaux vapeur. Si la distance entre ces deux villes, est de 50 kilomètres par le Doubs canalisé, et si nous supposons 16 écluses échelonnées de 3 kilomètres en 3 kilomètres, chaque chute aurait par conséquent plus de 300 chevaux vapeur de force ; donc, par le moyen d'un tube propulseur, le Doubs serait plus que capable de faire transporter 60 voyageurs, de demi-heure en demi-heure, avec une vitesse de 144 kilomètres par heure.

Pour relier la mer du Nord à la Méditerranée, nos grands hommes d'état iront-ils encore pousser le pays à construire des chemins de fer comme celui d'Avignon à Marseille qui coûte 800000 f par kilomètre ; iront-ils faire un railway parallèle au Rhône, comme ils en ont laissé faire un parallèle au Rhin ; iront-ils encore [illegible] la préférence au ruisseau de l'Oignon plutôt qu'au Doubs (qui débite par seconde plus de 10 mètres cubes) — lorsque le Rhin et le Rhône reliés naturellement par le Doubs et la Saône coulent presque inutilement à la mer plus de deux millions de mètres cubes d'eau par heure?

Un chemin de fer, énorme capital mort, est souvent la ruine des actionnaires sérieux qui le construisent et l'exploitent, — un canal, capital toujours actif, est une voie de transport économique qui crée sans cesse d'énormes matières à transporter. Le premier compromet la prospérité présente et future du pays qui le fonde, le second sera une des bases fondamentales de sa grandeur.

Une locomotive flottante donnerait lieu à une autre espèce de locomotion aquatique rapide qui n'exigerait pas préalablement la construction dispendieuse d'un tube propulseur, mais nous croyons que les tarifs de ce mode de transport à vitesse moyenne seraient plus élevés que ceux de notre mode de locomotion par traction, soit par le moyen d'animaux, soit par le moyen d'un tube.

fig XIV. et 11 Quoiqu'il en soit, nous proposons l'appareil ABCD renfermant les voyageurs, les marchandises et la machine à vapeur; PP'P''P''' sont les longs patins creux de cette locomotive; TT'T' O O' est peut-être un bon propulseur; TT'T' est une partie de tambour et OO'O' est une roue à palettes concaves qui agissent sur le fluide et font tourbillonner l'eau dans le tambour. Placé sur les flancs, dans le milieu, à l'avant ou à l'arrière de la nacelle, cet appareil n'est autre chose qu'une espèce de tarare, de ventillateur ou que la réciproque d'un moulin à vent dit à la Polonaise. Il nous semble présenter les avantages suivants: 1° Il n'offre aucune surface à la résistance de l'eau, comme la vis d'Archimède, et la locomotive flottante peut ainsi naviguer sur les rivières les moins profondes. 2° La roue à palettes, quoique de construction légère, fait l'office, par l'eau qui tourbillonne, d'un puissant volant qui régularise le mouvement du bateau. 3° Les palettes de la roue OO'O' sont concaves et offrent par conséquent au fluide une plus grande résistance que des palettes planes; elles ne choquent pas l'eau sensiblement et ne la soulèvent pas en arrière, en pure perte, comme le font les roues des bateaux à vapeur. 4° Cet agent propulseur, surtout s'il se trouve placé entre les deux patins, ne produirait pas probablement le remous et les ondulations qui détériorent tant les berges des canaux.

Si l'appareil complet et chargé ne pèse que 300 kilogrammes, un homme seul pourrait facilement se transporter sur un canal horizontal avec une vitesse de 3 mètres par seconde et faire ainsi près de 11 kilomètres dans une heure sans beaucoup se fatiguer. Supposons en effet que les patins aient 30 mètres de longueur et que leur section immergée ne dépasse en aucun point $\frac{0,300}{30}$ = 0,01 mètre quarré; supposons de plus que la roue à palettes OO'O' tourne avec la vitesse nécessaire par le moyen de l'organe mécanique proposé par M. Borgnis et décrit ainsi par lui: Deux cordes sans fin, parallèles, passent sur deux rouleaux a et b; entre les deux cordes sont placées plusieurs traverses en bois, destinées à recevoir la pression du moteur. Les traverses engrènent avec des tasseaux disposés sur la surface des cylindres. Au dessus se trouve un siège inamovible sur le quel l'homme est assis lorsqu'il doit opérer. Cela posé, la quantité de travail à dépenser au moyen du propulseur OOO' = monte à $51 \times 0,2 \times 0,07^{mq} \times 3^{3} = 2,754$ kilogrammètres. Or, avec l'appareil de M. Bourgnis, un homme, pendant 8 heures par jour, peut produire plus de 9 kilogrammètres. Deux hommes pourraient probablement s'imprimer une vitesse de plus de 4 mètres par seconde.

Pour terminer ce chapitre, nous posons en fait que deux canaux adjacents, l'un à petite section et à tube propulseur pour la locomotion très rapide, — l'autre à large section pour la locomotion lente et moyenne, au moyen d'animaux remorqueurs ou de locomotives flottantes, ces deux canaux, avec trois berges, suffiraient et bien au delà pour le transport économique des voyageurs et des marchandises que pourraient fournir deux contrées aussi populeuses et industrieuses que Londres.

Les écluses, simples, doubles ou triples, doivent être, à notre avis, longues et étroites, comme les bateaux. Dans certains pays, la fonte et le fer seraient plus économiques que les briques et les pierres de taille pour leur construction. Nous croyons que le système des canaux à écluses espacées et à fortes chutes, l'emportera, en France, comme dans tous les pays accidentés et élevés, sur le système des canaux à écluses rapprochées et à faibles chutes.

Dans la navigation sur les canaux au moyen d'animaux remorqueurs, comment faire quand les attelages et les bateaux vont en sens inverse sur un même côté d'une berge? Pour résoudre cette difficulté, nous supposons qu'au lieu d'une corde ou chaîne de remorque, on se serve d'une lame de fer ou d'acier longue, large et mince. Cela posé, l'attelage A ralentira sa course à l'approche de l'attelage B et prendra sur la gauche; le bateau A perdra très peu de sa vitesse acquise dans l'espace de quelques secondes et devra prendre sur la droite; la lame A formera voûte, par conséquent et l'attelage ainsi que le bateau B, sans ralentir leur course, raseront les bords du canal et de la chaussée et passeront entre l'attelage et le bateau A sous la voûte que fait la lame de remorque A. Avec la même manœuvre, si l'on se sert d'une corde ou d'une chaîne de halage, l'attelage et le bateau B passeraient par dessus.

Locomotion marine rapide.

Dans ces âges futurs, quand l'homme, quittant enfin les voies désastreuses dans lesquelles il patauge, et profitant des lois harmonieuses de la nature, aura tellement embelli son globe que la fable de l'Eden sera une vérité pour toute la terre; quand l'Afrique, l'Asie, l'Amérique et l'Océanie, aujourd'hui presque désertes, seront l'heureux séjour d'innombrables populations; alors il existera aux environs de l'équateur, entre le cap St Roch en Amérique et le cap Vert en Afrique, une espèce de locomotion marine, la plus rapide de toutes celles que l'homme inventera et chaque jour, entre le lever et le coucher du soleil, plus de mille voyageurs franchiront les 3000 kilomètres qui séparent les deux continents.

Quelles seront les bases sur lesquelles s'appuieront nos descendants pour résoudre ce magnifique problème, bien digne d'une humanité parvenue à l'apogée de sa puissance?

Nous croyons qu'ils lanceront, de station en station, un lourd mobile animé d'une grande vitesse et rasant la surface de la mer. Ce mobile renfermera les voyageurs.

Pour établir des stations flottantes que ne pourront déplacer d'un millimètre les ouragans les plus longs et les plus furieux, comme les ancres seraient impuissantes dans une mer profonde, on appliquera probablement les principes suivants: 1° Dans les plus grandes tempêtes, la plus grande hauteur des vagues n'est que de 10 mètres, et à moins de 20 mètres au dessous de la crête la plus élevée, l'eau de la mer est en repos, à moins qu'il n'existe ordinairement à cette place un courant sous-marin.

2° Un mouvement de transport parallèle d'un corps de forme quelconque ne peut avoir lieu qu'autant que la force motrice, ou la résultante des forces motrices qui lui sont appliquées, est dirigée suivant une droite passant par le centre de gravité de ce corps.

fig X et 11 Cela posé, soit un canon à vent gigantesque dont l'âme AB aurait $2^m,5$ de diamètre intérieur, 4,908 mètres quarrés de section transversale; 200 mètres de longueur; 981 mètres cubes de capacité et dont le réservoir AC aurait une longueur de 200 mètres; une section transversale de $4,908 \times 5 = 24^{m.q},54$; un diamètre de $5^m,6$ et une capacité quintuple de celle de l'âme, soit 4908 mètres cubes.

Une ou plusieurs barres de fer BC servent à maintenir à angle droit l'âme et le réservoir.

Nous supposons encore qu'un vaisseau ponté soutienne l'âme et le réservoir, s'il est nécessaire, et que le réservoir AC, élevé de plus de 50 mètres au dessous du niveau de la mer, serve d'arrière à ce vaisseau.

Le centre de gravité du système BAC se trouvera donc en C à plus de 50 mètres au dessous du niveau moyen de la mer dans un milieu toujours parfaitement en repos.

Il nous semble maintenant évident que l'effort des vagues et du vent fera seulement osciller la station flottante et plonger le vaisseau, comme si un poids se trouvait suspendu à l'extrémité B de l'âme BA, et que le nombre de mètres cubes d'eau déplacé par ce vaisseau sera la mesure exacte de la pression exercée à l'arrière A. Il est évident encore que l'arrière seul supportera le choc et que les vagues feront tourner l'âme BA comme le vent une girouette. — Essayons de calculer approximativement la force de la vague et du vent contre l'arrière de notre station. La plus grande hauteur absolue d'une vague étant de 10 mètres, supposons qu'elle soit de 30 mètres. Pour atteindre à cette hauteur, la vague au plus bas doit avoir au moins une vitesse donnée par la formule $V = \sqrt{2gh} = \sqrt{2 . 9,8088 . 30} = \sqrt{588} = 24$ mètres. Donc la vitesse moyenne de la vague serait de 12 mètres. Or, à 30 mètres de profondeur au dessous du plus bas de la vague, l'eau de la mer n'a plus aucune vitesse, donc nous n'avons à mesurer que l'effet, sur un corps cylindrique de $6^m \times 30^m = 180$ mètres quarrés de section longitudinale, d'une lame d'eau, de moins de 30 mètres d'épaisseur, animée d'une vitesse moyenne et constante de 12 mètres par seconde, au plus. La pression de cette lame sera donnée approximativement par la formule $51 KAV^2$ dans laquelle $K = 0,7$; $A = 180$ mètres quarrés ; $V^2 = 144$. Donc $51 KBV^2 = 925344$ Kilog. Supposons maintenant que la vitesse du vent soit de 40 mètres par seconde ; qu'il frappe contre le réservoir élevé même de 100 mètres au dessus du niveau moyen de la mer, et dans la formule $R = 0,06253\ KAV^2$ nous aurons $A = 6 \times 100 = 600$ m. q., $K = 0,7$, $V^2 = 40^2 = 1600$ d'où $R = 42020$ Kilogrammes. Comme le bras de levier de la résistance est plus long que celui de la puissance, nous n'irons pas plus loin dans notre appréciation et nous croyons pouvoir conclure que la pression de la plus terrible des tempêtes sur l'arrière de notre station est inférieure à $925344^K + 42020 = 967360$ Kilogrammes ; que moins de 1000 mètres cubes d'eau déplacée par le vaisseau ponté suffiront et bien au delà pour contrebalancer l'effort des vagues et du vent ; que ce vaisseau, s'il a 200 mètres de long sur 10 mètres de large, ne plongerait pas d'un mètre sur toute sa longueur ; et qu'enfin cette station n'aurait qu'un balancement imperceptible.

Dans notre premier mémoire, nous nous sommes efforcé de démontrer qu'un corps P de 20000 Kilogram., de la forme la plus avantageuse et ayant une section transversale de 1,5 m. q., pourrait parcourir horizontalement, dans un air calme, en moins de 5 minutes, une distance de plus de 30 Kilomètres. Si ce mobile n'a qu'un mètre quarré de projection transversale, nous rappellerons les formules $v = \frac{9,8088 . 0,06253 . K . AV^2}{20000}$ et $V' = \sqrt{V^2 - 97}$. La valeur du multiplicateur théorique K, pour un modèle de frégate, est 0,17 et comme la vitesse moyenne du projectile est de 130 à 140 mètres, K deviendrait $\frac{0,17 \times 75}{0,59} = 0,22$; mais, a fortiori, nous ferons $K = 0,3$ et la formule deviendra $v = 0,0000092 V^2$.

La série issue des deux formules $l = 1 V^2 97$ et $v = 0,0000092\ V^2$ nous démontre que si notre projectile, renfermant plus de 50 voyageurs, est lancé par le canon-monstre, sur une mer calme, avec une vitesse initiale de 240 mètres, ce projectile, en rasant l'eau, franchira dans 335 secondes, ou moins de six minutes, une distance de plus de 46 kilomètres. Mais ne comptons que sur 40 kilomètres. La vitesse moyenne serait donc de $\frac{46129}{335} = 137$ mètres. Ce mobile, monté sur de longs patins, comme nous l'avons vu dans la navigation aquatique, traverserait donc facilement le Pas de Calais. Un vent ordinaire et contraire et des ondulations qui ne dépasseraient pas de beaucoup la longueur des patins du projectile, n'influeraient pas, ce nous semble, sur la portée d'une manière appréciable. $\frac{3000}{40} = 75$ appareils projecteurs suffiraient pour le trajet de l'Ancien monde dans le nouveau. La distance d'une station à une autre serait franchie dans dix minutes environ, arrêt compris, et les 75 le seraient dans moins de $\frac{75 \times 10}{60} = 13$ heures. Cette espèce de locomotion, d'une rapidité féerique, est peut-être aussi la moins dangereuse, la moins coûteuse et la seule praticable d'ailleurs pour franchir en peu de temps des mers vastes et profondes. Elle sera employée avec avantage sur les lacs de la Suisse, de la Russie, de l'Amérique etc, sur les détroits, sur les côtes, sur des canaux larges et presque en ligne droite avec un ou plusieurs rails directeurs, et peut-être même sous des eaux de mer peu profonds, comme nous le verrons dans le chapitre suivant. Remarquons, en passant, qu'un boulet sphérique pesant 20000 kilogrammes et lancé sur l'eau avec une vitesse initiale de 240 mètres serait loin d'avoir une portée de plus de 40 kilomètres et cela par quatre raisons:

1° Le boulet, supposé plein, en fonte de fer, aurait un rayon de $0^m,8718$ et sa surface de projection serait de plus de 2,377 mètres quarrés.

2° La forme sphérique n'est pas la plus avantageuse à la résistance des fluides parfaits comme l'air et l'eau. Pour la forme sphérique, la valeur du multiplicateur théorique de la résistance, avec une vitesse moyenne de 140 mètres par seconde serait au moins 0,74, tandis que pour une forme plus allongée, cette valeur descend à 0,25 environ.

3° Le boulet, en roulant sur l'eau, projetterait une grande quantité d'eau, ce qui ne peut avoir lieu qu'aux dépens de la force vive de ce boulet.

4° A la moindre ondulation, ce boulet s'élèverait pour ricocher sous un angle moins aigu.

La quantité de travail mécanique nécessaire pour lancer un poids de 20000 kilogrammes, avec une vitesse finie de 240 mètres, est de $\frac{1}{2}\,\frac{20000}{9,8088} \times 240^2 = 58\,722\,779$ kilogrammètres que nous portons à 120 000 000 K.m, pour tenir largement compte des diverses résistances qui proviennent de l'emploi du canon ou de tout autre appareil projecteur.

Le réservoir, dont la capacité est quintuple de celle de l'âme, doit renfermer de l'air comprimé à 13 atmosphères; la pression moyenne et constante à laquelle est soumis le projectile dans l'âme est de 600000 Kilogrammes; dans deux secondes ou trois au plus, la longueur de cette âme est parcourue par le mobile et pour acquérir l'énorme vitesse de 240 mètres dans un temps aussi court, les voyageurs sont pressés par derrière, comme s'ils se trouvaient à 3 ou 4 mètres sous l'eau.

$\frac{120000000^{k.m}}{75^{k.m} \times 1800''} = 888$, et mettons 1000 chevaux-vapeur — telle est la force des machines à vapeur, ou autres, nécessaire pour lancer, de demi heure en demi-heure, le projectile en question.

La dépense en combustible pour la traversée d'une station à une autre, serait donc de moins de 40 fr., en comptant $2^{k},5$ par force de cheval et par heure et 30 francs pour les 1000 Kilog. de houille. Il en coûterait donc $75 \times 40^{stat.} = 3000$ fr. pour la traversée totale et si l'on pouvait employer la poudre, la force motrice coûterait $3000 \times 90 = 270000$ francs.

Pour résister à une traction, le fer sera toujours plus économique que la fonte. Aussi croyons-nous que l'âme et le réservoir du canon projecteur seront en fer, ou tout au moins composés d'anneaux en fonte alésés à l'intérieur et à l'extérieur et consolidés par d'épais cercles en fer qui seront crochés à chaud. Les barres de fer, en se refroidissant, feront corps avec la fonte et les crochets pourront être placés en hélice sur le pourtour des cylindres, pour que la résistance soit mieux répartie.

Pour de plus amples détails sur cette espèce de locomotion par projection, nous nous en référons à notre premier mémoire. Nous ferons cependant observer que les figures XI, XII, XIII, Pl. II indiquent un système de gouvernail faisant dans l'âme l'office de piston. Pour résister à l'énorme pression de l'air comprimé qui tend à voiler et plier ce piston, nous supposons une forte côte R contre laquelle s'appuie sur toute sa longueur l'axe du gouvernail. Nous supposons de plus d'épaisses lames cc c'c' BB, à forme fig XI parabolique, terminées par de solides côtes à angle droit cc c', contre lesquelles s'appuient les deux parties du gouvernail ouvert. Mais peut-être adoptera-t-on le système de construction dans lequel le piston, composé d'épaisses plaques de fer circulaires, s'élève au dessus du mobile à sa sortie de l'âme et fait fonction de cerf-volant.

D'après la formule $e = \frac{Rp}{B}$, nous trouvons que les parois du réservoir devraient avoir une épaisseur d'un décimètre pour pouvoir résister à une pression intérieure de 26 atmosphères; il entrerait donc dans la construction de ce réservoir 355 mètres cubes de fer que nous portons à 400 m.c. pour les bases, la soupape, et divers accessoires. Cet énorme cylindre pèserait donc moins de 3120000 Kilogrammes et comme il déplace plus de 4900 mètres cubes d'eau, il flotterait. La partie inférieure du réservoir, soumise extérieurement à la pression croissante de l'eau qui contrebalance la pression intérieure, peut avoir des parois moins épaisses que la partie supérieure de ce réservoir.

Admettons 500 mètres cubes de fer et fonte pour la construction de l'âme du canon, et, si nous supposons que le mètre cube de fer coûte 4000 francs actuellement, notre canon coûterait environ deux millions.

Mettons un million pour le vaisseau ponté; un million pour les machines à vapeur de la force de mille chevaux-vapeur; un million pour logements, ateliers de réparation etc; un million, enfin, pour l'imprévu et notre station complète nous coûterait six millions de francs environ. Les 75 stations absorberaient donc un capital de 450 millions. C'est à peu près ce que la France dévore annuellement pour attaquer ou se défendre. —— En comptant l'intérêt à 5 %, ce capital représente une rente de 23 millions; admettons 23 millions pour dividendes aux actionnaires; 23 millions pour l'usure, l'amortissement; 3 millions pour 1500 employés de tous grades; 26 millions pour la force motrice; deux millions enfin pour frais de bureau et nous arrivons pour la dépense annuelle de la ligne maritime à un total de 100 millions de francs. Or nous avons au moins 24 traversées par jour; 24×50 = 1200 voyageurs par jour; 1200 × 360 = 432000 par année, et nous croyons cependant qu'un service de nuit au moins partiel sera possible avec des fanaux. Le prix de la traversée par chaque voyageur devrait donc être au moins de $\frac{100000000}{432000}$ = 231 francs ou $\frac{231}{3000}$ = 8 centimes par kilomètre, ou moins de 10 centimes, si l'on ne compte que sur 300 jours de navigation. Mais, dans l'avenir, les tempêtes seront infiniment moins fréquentes que de nos jours, puisque les vastes déserts de l'Afrique, de l'Asie... en sont les principales causes ainsi que le boisement mal entendu de la surface du globe.

Pour satisfaire à toutes les exigences d'une ligne qui doit desservir deux mondes, des phares, des télégraphes surmonteront les réservoirs. Toujours bien approvisionnés par des vaisseaux à vapeur qui seront au Great-Eastern, comme un vaisseau de guerre est à sa chaloupe, les stations, sous le fécond soleil de l'équateur, seront des jardins flottants embaumés, oasis enchanteurs, douces prisons des familles chargées du service des canons-monstres et confortables hôtelleries, où les voyageurs pourront attendre patiemment la fin d'une bourrasque.

Si l'on construit deux vastes rades aux environs de Calais et de Douvres, avec de larges entrées, il sera peut-être possible, par les plus gros temps, de lancer d'une côte à l'autre, au travers des airs déchaînés, un projectile pesant 20000 kilogrammes, sans qu'il y ait le moindre danger pour

les voyageurs et sans qu'on soit obligé de se servir d'un énorme gouvernail supérieur. Supposons, en effet, que le mobile arrivé sur la rade possède encore une vitesse de 100 mètres; puisque son petit gouvernail supérieur (qui fait dans l'âme du canon l'office de piston, et qui est composé de plusieurs plaques de fer solidement reliées entre elles) ne lui permet plus de se soutenir dans l'air, ce projectile abordera sous un angle très aigu l'eau de la rade, qui est protégée par nos brise-lames flottants, et pourra dès lors, en vertu de cette vitesse de 100 mètres, franchir encore sur ses patins une distance de 5 à 6 kilomètres. Pour soutenir dans l'air, contre l'action de la pesanteur, un projectile pesant 20000 kilogrammes et animé d'une vitesse de 100 mètres, une surface inclinée à 30°, par exemple, devrait avoir à peu près une projection A donnée par la relation $RV = \frac{Pg}{2} = 0{,}06253\ KAV^3$ d'où $A = \frac{Pg}{2 \times 0{,}06253 \times K.V^3}$. Or $P = 20000\ K$, $g = 9{,}8088$ $K = 1$ environ $V^3 = 100^3 = 1000000$; donc $A = 1{,}57$ m.q. Donc le gouvernail supérieur peut n'avoir qu'une superficie de 3 à 4 mètres quarrés.

Les frais de construction de deux appareils projecteurs pour la traversée rapide du Pas de Calais n'excéderaient pas 12 millions de francs, non compris les deux rades, soit 350 000 francs environ par kilomètre. C'est le prix ordinaire des chemins de fer.

Une ligne de navigation marine rapide qui desservirait l'Amérique, l'Océanie et l'Asie pourrait suivre l'équateur et aboutir à la Nouvelle-Guinée. Il faudrait bien alors 390 stations et le temps nécessaire pour franchir cette distance serait de six jours, en comptant 13 heures par jour et 12 minutes pour la traversée d'une station à une autre, arrêt compris.

La circonférence de la terre à l'équateur est de 40007 kilomètres. Il faudrait donc 1000 stations distantes l'une de l'autre de 40 kilomètres environ. Par l'air et sur l'eau malgré les hautes Cordillères, on ferait donc le tour de notre globe en huit jours de 24 heures. La grande difficulté sera d'alimenter constamment un million de chevaux vapeur etc; mais la terre est vaste, ses entrailles sont fécondes et l'homme deviendra grand.

Nous laissons donc aux mécaniciens futurs le soin de prévoir et de résoudre toutes les objections, toutes les difficultés inhérentes à ce mode étonnant de locomotion qui sera, du reste, comme nous nous y attendons, considéré maintenant comme le produit extravagant d'un cerveau maladif.

Chapitre IV

Un espèce de locomotion sous-marine rapide.

Être lancé comme un boulet, dévorer l'espace soit sur une mer unie au risque de rencontrer des débris de vaisseau inaperçus, soit sur une mer furieuse au travers des vents déchaînés, ce n'est guère une locomotion à l'usage des valétudinaires, des femmes, des enfants. Aussi, pour traverser le Pas-de-Calais, pour qu'une communication aussi importante ne soit pas d'ailleurs interrompue un seul instant de jour ou de nuit, les Anglais et les Français futurs se plairont à unir leurs deux pays par une large chaussée XXXX parfaitement droite et plane, s'élevant à une vingtaine de mètres au dessous du niveau moyen de la mer; et sur cette chaussée, ils établiront une double cloche à plongeur AABB, maintenue en équilibre au moyen des chaînes CABC par une suite de caisses VVV' qui, remplies de pierrailles, reposent sur la chaussée. BB est un balcon régnant sur toute la longueur de ce canal. NN est le niveau de l'eau dans la cloche. TT' sont les deux tubes propulseurs dont les pistons remorqueurs font voler, sur une eau toujours calme, les mobiles MM', comme nous l'avons vu pour la navigation aquatique. SSS représente une des sept stations, en fonte de fer, qui reposent sur la voie. Au travers de la voûte RRR passent deux tuyaux DD' par lesquels l'air des tubes TT' est aspiré par les locomotrices. Comme entre Sangatte près Calais et Douvres en Angleterre la profondeur la plus grande du détroit n'excède pas 190 pieds anglais, ou 58 mètres, il sera facile au moyen d'ancres et de brise-lames flottants de protéger ces stations contre la fureur des vagues.

fig. I et II Pl. II

PP ou PP' est un piston percé de petites ouvertures oo et servant à soulever la soupape Q ou Q' qui, par son propre poids et celui du piston PP se rabaisse quand le piston remorqueur a passé. Le jeu de la soupape Q est suffisamment expliqué dans la figure II Planche II. Quand le piston HH a poussé par son frottement la soupape à levier qui se trouve à la tête G. du tuyau GG'; l'air de la cloche AAA se précipite dans le tuyau GG' et soulève rapidement la soupape i, le piston PP et la soupape ii par le moyen de la tige iii. L'équilibre de l'air a bientôt lieu dans les deux parties XX' du corps de pompe, par les trous microscopiques oo dont est percé le piston PP, malgré l'aspiration continue qui a lieu par le tube capillaire d, communiquant avec le gros tuyau aspirateur D. La soupape ii ainsi que le piston PP s'abaissent alors par leur propre poids. Les trous oo du piston PP ne sont pas nécessaires si on laisse un certain jeu entre le piston et son corps de pompe. Les locomotrices continuent à épuiser l'air dans le tuyau T T' et quand la dépression de l'air est suffisante, la soupape à tiroir en G se referme. C'est alors le tube capillaire d qui seul est chargé de parfaire le vide dans le tuyau G G' et dans le corps de pompe X X'....

Le piston π π remorque la nacelle parfaitement close A B C D E F par l'intermédiaire de la tige x x' K x, tordue en K, mobile en x x' et armée d'une roulette en K. Aux deux stations extrêmes, cette roulette K rencontre un plan incliné u u ; la tige x x' x'' s'abaisse et abandonne le piston remorqueur.

fig V et VI Du tuyau mince ABCB'A' le piston entre alors dans un tuyau de fonte ABCB'A' épais, de même forme fig IV que le premier et parfaitement clos. Le frottement et surtout l'air qui se comprime dans ce tuyau, forcent bientôt ce piston au repos. On peut alors retourner ce piston dans un appareil analogue VI et VII à une écluse, ou bien, seulement, comme il est symétrique, on peut retourner la barre AB'BC formant soupape et la placer selon A'AB'C'. Nous avons vu qu'il fallait autant que possible diminuer la surface frottante du piston, en augmentant toutefois la superficie triangulaire de l'orifice AB'C' par lequel rentre l'air en amont du piston. C'est pourquoi nous supposons supprimées les plaques trouées β β, β β' fig VI, VII, VIII.

Dans la figure I, la paroi médiane AA' ne descend pas jusqu'au niveau n n de l'eau, pour éviter dans la cloche de fortes ondulations et des courants d'air et d'eau trop rapides, occasionnés par la rentrée de l'air dans les tubes T T' et par le passage des mobiles m m'. Si, d'ailleurs, un accident grave arrivait à une voûte, les voyageurs, en se mouillant, il est vrai, pourraient facilement passer dans l'autre. Le cas le plus désastreux qui pût arriver, serait celui d'un vaisseau qui, en sombrant, enfoncerait les deux voûtes à la fois. Si le mobile, lancé de toute sa vitesse, se trouve seulement à quelques dizaines de mètres ou même à quelques centaines de mètres du lieu de l'accident, une catastrophe est aussi inévitable que si, par un tremblement de terre, les rails venaient à manquer sous les roues d'un convoi. Nous ne croyons pas que des baleines ou de gros poissons qui ne hantent guère que les mers profondes, puissent venir avarier notre cloche, à moins qu'il ne nous soit démontré qu'ils se brisent parfois la tête contre ces récifs. La cassure de quelques chaînes CAAC ne ferait monter la cloche qu'imperceptiblement, parce que le poids des caisses v v, remplies de pierrailles, et de tout l'appareil sous-marin, est bien supérieur au poids de l'eau déplacée par la double cloche. Dans la plupart des accidents qui peuvent arriver à la cloche ou tuyau ..., les voyageurs pourront en sortir sains et saufs. Quelle que soit l'ouverture par laquelle s'échapperait l'air et entrerait l'eau, les locomotrices, en foulant de l'air dans la cloche, seraient capables de la maintenir en suspension jusqu'à ce que les voyageurs fussent arrivés à une station, à l'aide des balcons BB, fig. 1 la. Là nous supposons que le conducteur, aidé des voyageurs, tire ou démonte le tube T et la galerie BB, soulève une des portes en tôle de fer (qui a servi à monter la cloche bout à bout), la visse contre une des côtes de la cloche qui se trouvent de mètre en mètre et [illegible] la communication à l'eau envahissante. Les portes, formant soupapes, reposeraient sur la [illegible] des caisses TT' et seraient parfaitement goudronnées pour les préserver de la rouille. La vie des hommes est tellement précieuse que tous les outils nécessaires seront déposés de distance en distance pour éviter tous les dangers possibles. Des baromètres et d'autres instruments instruisent toujours les agents de la ligne sous-marine du lieu et du genre de l'accident, pour qu'ils puissent agir en conséquence avec ensemble et célérité. Des cloches à plongeur pouvant s'adapter sur la cloche serviront aux réparations extérieures.

Quoique l'eau de la mer à une certaine profondeur, ait toujours la même température, on devra cependant, dans la construction, tenir compte de la température variable à laquelle seront soumis les métaux de tout l'appareil. Tout l'air, en effet, qui aura été soutiré des tuyaux TT' par les locomotrices, sera probablement, pour l'aérage des cloches, remplacé par une même quantité d'air pur puisé dans l'atmosphère.

Les parois principales ou accessoires de la cloche peuvent être en tôle de un ou deux centimètres d'épaisseur seulement puisqu'elles sont soumises à deux pressions égales et contraires et doivent être surtout parfaitement garanties d'une manière ou d'une autre contre l'action corrosive de l'eau de mer. Tous les mètres, plus ou moins, on suppose rivées des côtes larges et minces contre lesquelles s'ajustent les parois provisoires qui servent au montage bout à bout de la cloche ou aux réparations. Il sera sans doute plus facile et plus économique de juxtaposer des bouts de cloche, longs de plusieurs centaines de mètres et montés préalablement sur des sections de canaux. Notre voûte double pourrait très-bien, sans chaussée, être maintenue en équilibre à la profondeur voulue; il suffirait que le poids de tout l'appareil sous-marin fût toujours égal au poids du liquide déplacé; mais, pour ne pas exposer un immense matériel ainsi que la vie de plus de cent voyageurs, les hommes d'alors ne reculeront pas devant des travaux qui nous semblent impraticables.

fig II Si, par un accident quelconque, le piston remorqueur PP est arrêté dans sa course, le petit tourillon qui
fig III se trouve en aa' se casse facilement, la tige aa'a'' reste en arrière en suivant la rainure AAaa' et le
mobile, sans être privé de sa direction continue sa course décroissante et s'enfonce de plus en plus dans
l'eau jusqu'à ce qu'il flotte sur ses longs patins creux. — Nous croyons qu'il sera facile de soustraire
fig II et III les voyageurs à la pression inaccoutumée de trois atmosphères. Le mobile ABCDBE sera donc partagé
en une série de cellules dont les solides parois doivent supporter la pression de deux atmosphères; les

portières, sans vitres, feront l'office de soupapes et comme nos descendants ne seraient pas gens à s'entasser dans nos sales diligences à l'air froid ou chaud, mais toujours infect, toutes les cases seront confortablement meublées, doucement échauffées et parfumées, splendidement éclairées et surtout parfaitement aérées par un ventilateur que fera mouvoir la rapidité même de la course. Aux stations extrêmes, les voyageurs prennent leurs places à l'air libre dans une fausse cloche à parois épaisses faisant fonction de l'écluse dans les canaux. On ouvre un robinet; l'air comprimé de la cloche se précipite dans l'écluse; les agens de service, habitués à une pression de trois atmosphères, ouvrent la solide porte qui sépare la vraie cloche de la fausse, remorquent le véhicule, accrochent la tige $ss'K2'$ au piston remorqueur mn (qui est retenu de force par un énorme étau solidement amarré) et, la vis de l'étau desserrée, le mobile, s'élevant progressivement sur l'eau, prend une vitesse accélérée, jusqu'à ce que les résistances s'équilibrent avec la puissance de traction. — Les amateurs des rails et des locomotives et des wagons pourront peut-être s'en servir dans notre cloche, surtout pour le transport des marchandises. — MM. Franchot et Tessié du Motay ont déjà eu l'idée de relier la France et l'Angleterre par un tunnel sous-marin de leur invention. Ce tunnel n'est autre qu'un épais tuyau en fonte de 3 mètres de diamètre, reposant sur le fonds même du détroit. Le convoi, roulant dans le tuyau, serait armé d'un ou plusieurs voiles circulaires de même diamètre que le tuyau; l'air serait déprimé alternativement par les locomotives qui se trouveraient aux deux extrémités du tuyau et le courant d'air qui en résulterait suffirait à la traction du train. Nous ne croyons pas cependant que ce mode de propulsion donnerait lieu à une espèce de locomotion sous-marine très-rapide. Car, d'après la formule $n \frac{q}{g} \frac{LCV^2}{a}$ qui donne la perte de travail par seconde occasionnée par le frottement de l'air en mouvement dans un tuyau, si nous supposons que la vitesse moyenne et constante du train soit de 10 mètres par seconde, nous aurons $n = 0,00324$, $L = 35000$ m, $C = \pi D = 9^m,42$, $a = \frac{\pi D^2}{4} = 7^{m^2},07$ $V^2 = 100$ et q ou le poids de la dépense d'air dans une seconde $= 7,07 \times 10 \times 1^k,2 = 84$ kilogrammes environ. Donc la perte de travail provenant d'un courant d'air animé d'une vitesse de 10 mètres par seconde dans un tuyau de 35000 mètres de long et de 3 mèt. de diamètre serait au moins de 129114 kilogrammètres, correspondant au travail continu de machines d'une force de 1722 chevaux vapeur. Si le convoi devait avoir une vitesse de 20 mètres par seconde, il faudrait à Douvres, par exemple, un certain nombre de machines représentant une force de plus de 6888 chevaux vapeur et pour une vitesse de 40 mètres de plus de 27552 chevaux vapeur, puisque nous n'avons pas compté les autres pertes de travail. Pour la station de Calais, il en faudrait autant.

Quoiqu'il en soit de ce tunnel, rien n'empêcherait d'établir sur une chaussée en ligne droite et même de niveau un pareil tuyau d'un diamètre plus grand encore et suffisamment alésé; mais nous propo-

-serions pour la traction du convoi un appareil analogue au nôtre, ce qui exigerait dès lors sur la ligne des locomotrices intermédiaires. Pour ce tuyau ou notre cloche, la voie en déblai à 20 mètres au dessous du niveau moyen de la mer devra sur les côtes être très-large et protégée par des brise-lames flottants contre l'envahissement des sables. Nous supposons évidemment qu'à cette profondeur de 20 mètres, les appareils sous-marins sont dans une eau tranquille et parfaitement à l'abri des plus fortes tempêtes.

Essayons maintenant d'établir quelques calculs sur l'effet utile de notre espèce de locomotion sous-marine. Comme hypothèse, le piston remorqueur a $0^{m},51$ de diamètre; sa section transversale est 0,2 mètre quarré; sa surface frottante totale est $0^{m.q},31$; la pression sur une face de ce piston est de 3 atmosphères et de $1/5$ d'atmosphère sur l'autre face. La nacelle a une section transversale de 2 mètres quarrés et doit se mouvoir avec une vitesse maxima de 40 mètres par seconde. Cela posé: si nous employons les raisonnements et les formules qui se trouvent dans le chapitre premier de ce mémoire, nous trouvons que la perte totale de travail mécanique due à la résistance du piston est, pour 5 kilomètres parcourus, de 5817870 Kilogrammètres; de 900432 K.m. pour la perte de travail occasionnée par la résistance de l'air de la cloche contre le mobile et de 823750 K.m. pour celle résultant de la rentrée de l'air en amont du piston, au travers d'un orifice de 0,1 mètre quarré. Total de la perte de travail mécanique pour 5 Kilomètres parcourus = 7552052 Kilogrammètres, que nous portons à 8000000 K.m., soit 56000000 K.m. de perte pour 35 Kilomètres.

Or, la puissance est $\left(10330\times 3 - \frac{10330}{5}\right)^{K.m} \times 0,2^{m.q} \times 35000^{m} = 202\,468\,000$ Kilogrammètres. Différence 146 468 000 K.m. que nous avons à employer pour soutenir, pendant $\frac{35000}{40} = 875$ secondes, notre mobile contre l'action de la pesanteur. Supposons maintenant que ce mobile ait des patins de 40 mètres de longueur et pèse 40000 Kilogrammes. Si nous désignons par A' la section immergée de ces patins, nous croyons avoir $51\,K\,A'V^3 = (40000 - 40000\,A')\,4,9044$ d'où $A' = 0,2^{m.q}$ environ; donc $51\,K\,A'V^3 = 163\,200$ Kilogrammètres pour une seconde et $163200^{K.m} \times 875'' = 142\,800\,000$ K.m. pour 875 secondes et nous pouvons disposer de 146 468 000 Kilogrammètres. Mais comme la puissance de traction s'exerce un peu obliquement d'après la relation $P\cos\alpha$, nous conclurons que notre mobile sous-marin, renfermant plus de 100 voyageurs et pesant de 30 à 40000 Kilogrammes, pourrait franchir le Pas de Calais dans un quart d'heure à peu près. Si nous supposons qu'un départ ait lieu tous les vingt minutes, il nous faudrait une force totale de $\frac{202\,468\,000}{75^{K}{}^{m} \times 1200''} = 2250$ chevaux vapeur ou pour chaque station une force de 321 ch.-vap. que nous portons à 400. Les stations extrêmes doivent avoir des machines plus puissantes que les intermédiaires.

Pour maintenir, dans le trajet, l'air du tube propulseur constamment déprimé à $1/5$ d'atmosphère, on doit dépenser tous les cinq kilomètres 2642520 Kilogrammètres, ce qui exige que chaque locomotrice ait au moins une force de $\frac{2642525}{75^{K m} \times 125''} = 282$ ch.-vap. Or, nous venons de voir que chacune aurait une force de 400 chevaux-vapeur

On établira probablement une cloche à plongeur double avec double appareil propulseur; chaque locomotrice devrait donc avoir 800 chevaux vapeur de force et notre appareil sous-marin serait capable de faire franchir le détroit à plus de 12000 voyageurs par jour, à plus de 4 millions par année, en comptant deux départs par 20 minutes, 120 par jour de 20 heures, et 43200 dans une année de 360 jours.

Pour éviter l'énorme dépense des stations intermédiaires et de l'appareil propulseur, ne pourra-t-on pas lancer sur l'eau toujours calme de notre cloche à plongeur un projectile pesant 40000 Kilogrammes et animé d'une vitesse initiale de 240 mètres, par exemple? La cloche et le projectile étant présumés parfaitement en ligne droite, un petit gouvernail, dont le pivot serait armé de deux bras qui toucheraient presque les parois de la cloche, suffirait, à la moindre déviation du projectile, pour rectifier la course.

Nous avons trouvé qu'un mobile pesant 20000 Kilogrammes, ayant une projection transversale de 1,5 m.q, et lancé au travers d'un air calme avec une vitesse initiale de 240 mètres, pouvait, d'après les formules $v = \frac{2{,}18088 \times 0{,}06753 \times 0{,}4 \times 1{,}5 \times \overline{240}^2}{20000\ K} = 0{,}0000184\,V^2$ et $V' = \sqrt{V^2\,97}$, franchir une distance de 32911 mètres dans 257 secondes. Si le projectile n'a qu'un mètre quarré de section transversale et si la valeur de K est 0,3 au lieu de 0,4, nous avons trouvé de même que, d'après les formules $v = 0{,}0000092\,V^2$ et $V' = \sqrt{V^2\,97}$, ce projectile pouvait parcourir 46 Kilomètres dans 335 secondes; donc, comme l'air de notre cloche, comprimé à trois atmosphères, offre au projectile une résistance trois fois plus forte que celle de l'atmosphère, la valeur de K devient 0,90 au lieu de 0,30; mais si le projectile pèse 40000 K. au lieu de 20000 K. la relation $v = 0{,}0000092\,V^2$ devient $v = \frac{0{,}0000092\,V^2 \times 3}{2} = 0{,}0000138\,V^2$, moyenne exacte des formules $0{,}0000184\,V^2$ et $0{,}0000092\,V^2$. Donc, nous croyons qu'un projectile lancé sur l'eau de notre cloche à plongeur, s'il pèse 40000 Kilogrammes et si sa vitesse initiale est de 240 mètres, serait capable de franchir une distance moyenne de 35 Kilomètres, c'est-à-dire le Pas de Calais, et pour obtenir ce résultat avec un canon à vent, on dépenserait $\frac{1}{2}\frac{P}{g}V^2 = \frac{1}{2}\frac{40000}{9{,}8088} \times \overline{240}^2 = 117450000$ Kilogrammètres au moins.

C'est à l'avenir qu'est réservé l'honneur de trouver la navigation sous-marine analogue au poisson. Elle ne sera cependant pas extrêmement rapide à cause de l'énorme résistance de l'eau. Cette locomotion existera du moment qu'on aura trouvé une force motrice peu dispendieuse — la décomposition plus ou moins prompte de l'eau, par exemple.

Nous terminons ici notre travail.

Avons nous réellement et complètement résolu le vaste problème de la locomotion rapide dans l'avenir? Nous ne saurions avoir cette prétention. Les chemins de fer et leurs locomotives, toutes les inventions peuvent-elles sortir parfaites de la tête d'un seul homme, comme Minerve du cerveau de Jupiter ! Tous nos calculs ne sont que des approximations, tous nos raisonnements ne sont que des appréciations, tous nos plans ne sont que des croquis grossiers, tous les appareils que nous proposons seront probablement et profondément modifiés par la pratique éclairée de la théorie; mais la base de laquelle nous nous sommes élancé, sans la science nécessaire pour boussole, sans expériences pour appui, sans les livres indispensables pour guide, cette base est inébranlable — tant que, par un bon vent, le cerf-volant se soutiendra au haut des airs; — que l'hirondelle, au détour d'une rue, décrira un cercle et s'élèvera par l'inclinaison de ses ailes et par sa vitesse acquise; — tant que la pierre, enfin, et le boulet ricocheront sur la surface unie des eaux.

Fait à Montbéliard (Département du Doubs)
ce 10 Décembre 1848
par Jules Henri Deckherr (av.t + 12 7bre 1817)

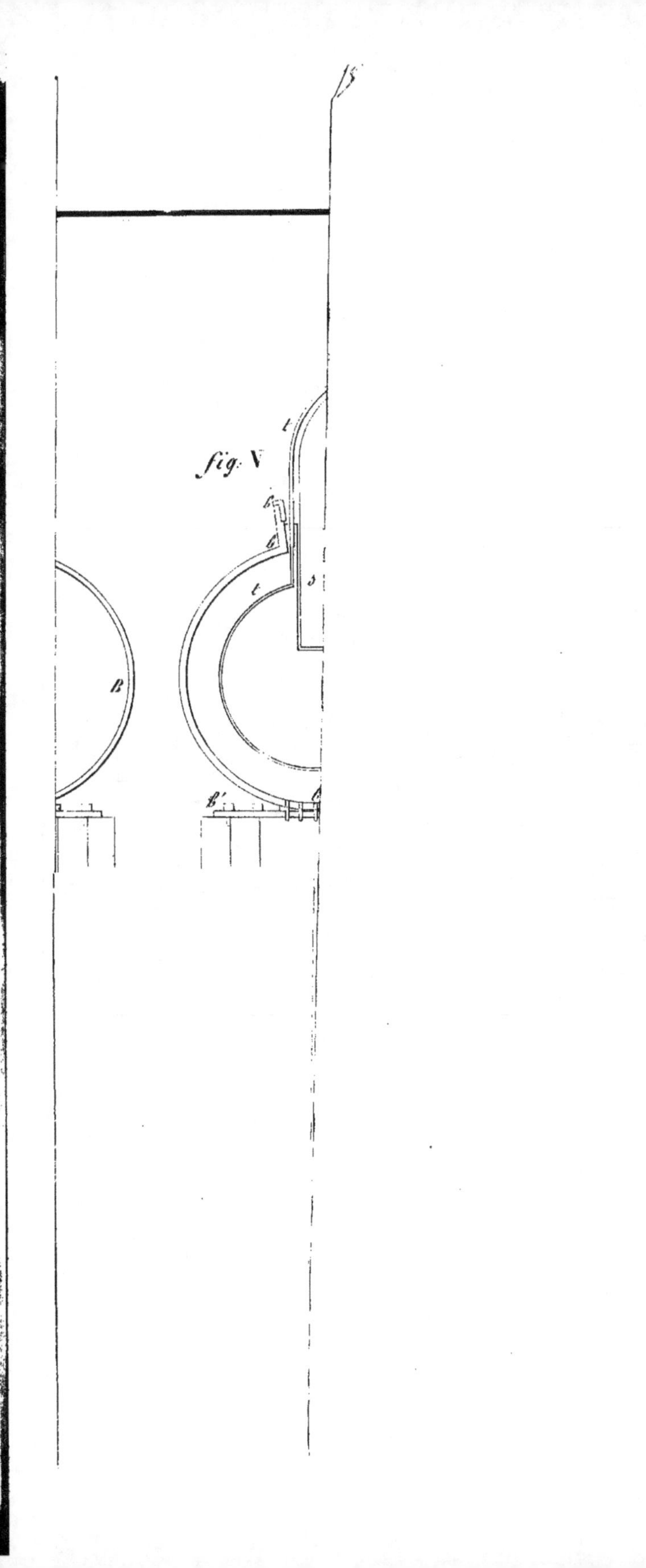
15
fig. V
t
b
s
B
b'

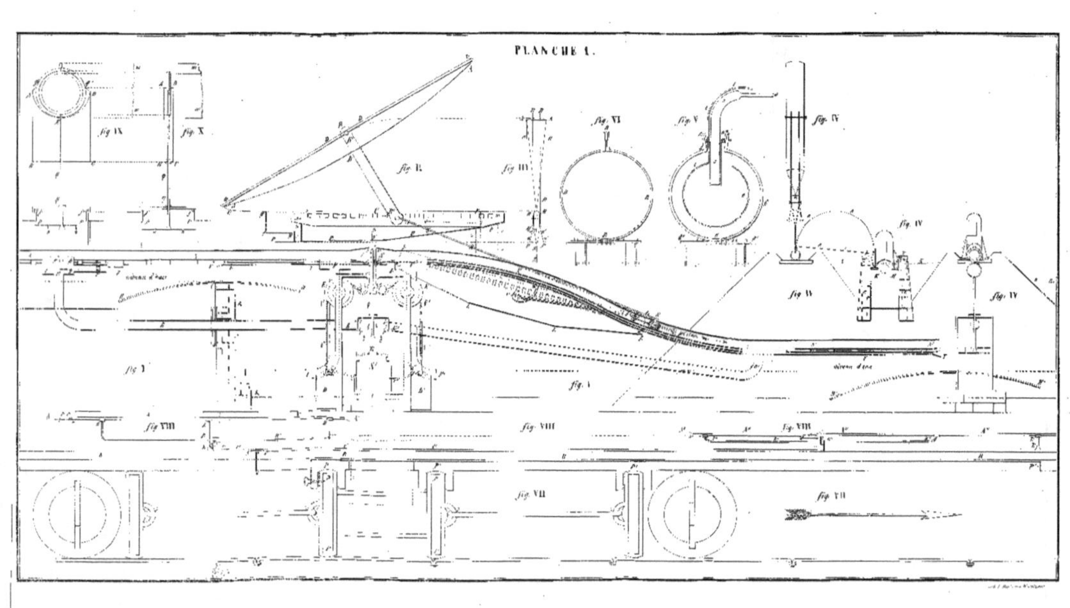
PLANCHE I.
fig. IX
fig. X
fig. II
fig. III
fig. VI
fig. V
fig. IV
fig. I
fig. VIII
fig. VII

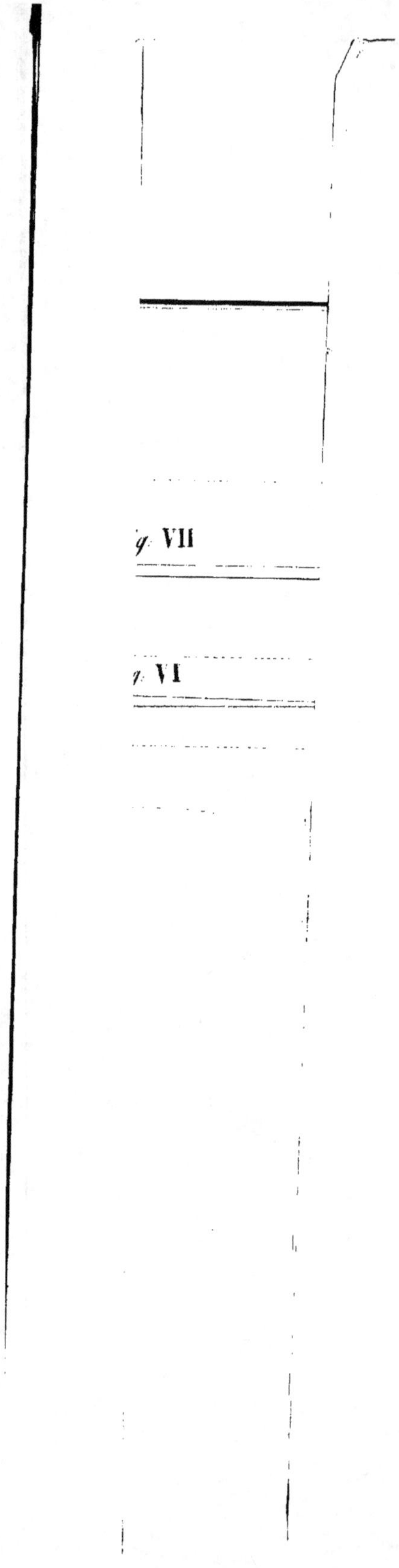

ig. VII

ig. VI

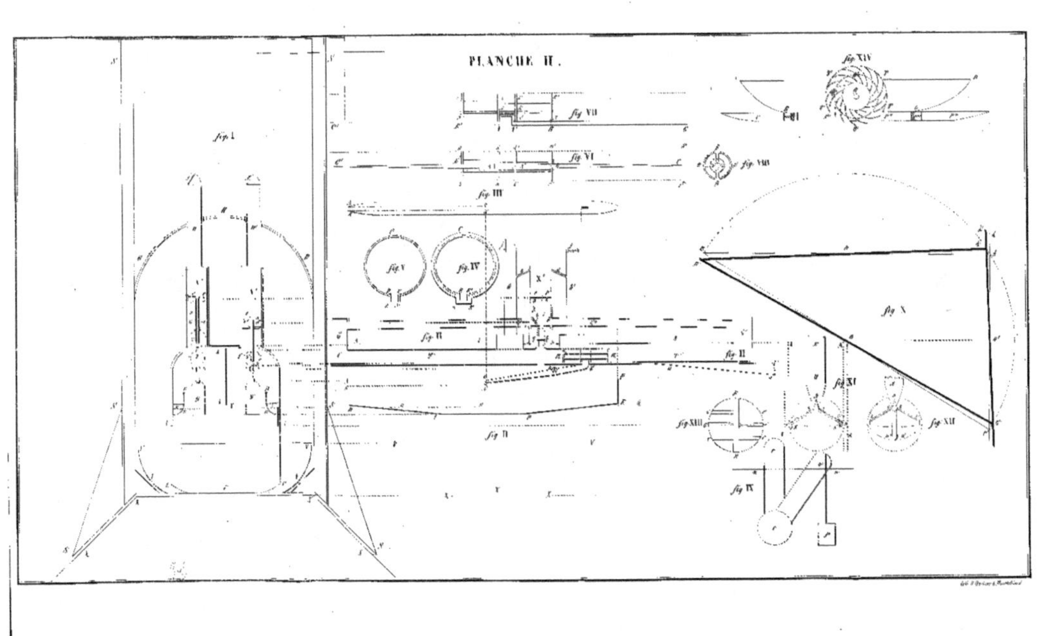
PLANCHE II.
fig. I
fig. II
fig. III
fig. IV
fig. V
fig. VI
fig. VII
fig. VIII
fig. IX
fig. X
fig. XI
fig. XII
fig. XIII
fig. XIV

www.ingramcontent.com/pod-product-compliance
Lightning Source LLC
LaVergne TN
LVHW012013160826
845678LV00002B/811

* 9 7 8 2 3 2 9 6 6 5 9 6 2 *